基于耳石的东太平洋茎柔鱼渔业生态学研究

陈新军　刘必林　易　倩　李建华　著

U0389300

科学出版社

北京

内 容 简 介

茎柔鱼在我国远洋鱿钓渔业中占据着极为重要的地位。本书利用耳石微结构、微化学信息以及生物学和渔业生产数据，开展对茎柔鱼的年龄、生长、种群、繁殖、洄游以及适合的产卵场和索饵场等生活史内容的研究，为其资源的可持续利用提供理论基础。全书共分 7 章：第 1 章为绪论，分析国内外研究现状和存在的问题；第 2 章对不同海域茎柔鱼生物学进行比较；第 3 章对不同海域茎柔鱼种群形态差异进行比较；第 4 章为基于耳石微结构的茎柔鱼年龄与生长研究；第 5 章为基于耳石微化学的种群鉴定及洄游路线重建；第 6 章为基于繁殖特性及生产数据的产卵场与索饵场栖息地研究；第 7 章给出本书的主要结论以及存在的问题与研究展望。

本书可供海洋生物、水产和渔业研究等专业的科研人员，高等院校师生及从事相关专业生产、管理的工作人员使用和阅读。

审图号：GS(2018)6069 号

图书在版编目(CIP)数据

基于耳石的东太平洋茎柔鱼渔业生态学研究 / 陈新军等著. — 北京：科学出版社，2019.4

ISBN 978-7-03-056371-2

Ⅰ.①基… Ⅱ.①陈… Ⅲ.①柔鱼-海洋渔业-深海生态学-研究-东太平洋 Ⅳ.①Q178.533

中国版本图书馆 CIP 数据核字（2018）第 010386 号

责任编辑：韩卫军 / 责任校对：彭 映
责任印制：罗 科 / 封面设计：墨创文化

科学出版社 出版

北京东黄城根北街16 号
邮政编码：100717
http://www.sciencep.com

四川煤田地质制图印刷厂印刷
科学出版社发行 各地新华书店经销

*

2019 年 4 月第 一 版 开本：720×1000 B5
2019 年 4 月第一次印刷 印张：10 3/4
字数：210 000
定价：96.00 元
（如有印装质量问题，我社负责调换）

　　本专著得到国家自然科学基金项目（NSFC41476129）、
"双一流"学科、上海市高峰学科Ⅰ类（水产学）的资助

前　言

　　茎柔鱼为大洋性种，广泛分布于东太平洋 40°N~47°S。它是世界上最主要的头足类资源之一，在我国远洋鱿钓渔业中占据着极为重要的地位，其年产量占我国远洋鱿钓产量的 1/3 以上。了解和掌握茎柔鱼的生活史特性是实现其资源可持续利用的基础，但国际上关于东太平洋公海海域茎柔鱼生活史的研究相当薄弱，为此本书利用耳石微结构、微化学信息以及生物学和渔业生产数据，开展对茎柔鱼的年龄、生长、种群、繁殖、洄游以及适合的产卵场和索饵场等生活史内容的研究，为其资源的可持续利用提供理论基础。

　　2001 年在中国远洋渔业协会鱿钓工作组的支持下，我国首次对东南太平洋秘鲁外海海域的茎柔鱼资源进行生产性调查；2006~2008 年对智利外海海域茎柔鱼进行探捕调查；2009~2010 年、2013~2014 年分别对哥斯达黎加外海和东太平洋赤道海域的茎柔鱼资源进行探捕调查，取得了大量的一手资料。从 2002 年开始，在中国远洋渔业协会鱿钓工作组的支持下，设立了东南太平洋茎柔鱼资源生产性常规调查项目，每年采集茎柔鱼样本以及生产信息，为茎柔鱼资源监测分析打下了基础。在十多年的茎柔鱼资源开发过程中，上海海洋大学鱿钓课题组在农业部重大专项、国家 863 计划、中国远洋渔业协会资源生产性调查等项目资助下，对东太平洋茎柔鱼渔业生物学进行系统研究，相继发表了相关论文 100 多篇，撰写有关研究生学位论文多篇。本书以上述课题的科研成果为基础，对基于耳石的东太平洋茎柔鱼渔业生态学进行系统总结和归纳，全书分为 7 章。本书的初步研究成果可为该资源的可持续开发和科学管理提供科学依据，丰富头足类学科的内容。

　　本书可供从事海洋科学、水产和渔业研究的科研人员和研究单位使用。由于时间仓促，覆盖内容广，国内没有同类的参考资料，因此难免会存在不妥之处，希望读者提出批评和指正。

　　本书得到上海市高峰学科 I 类（水产学）、"双一流"学科国家自然科学基金（编号 NSFC41476129）等项目的资助。同时也得到国家远洋渔业工程技术研究中心、大洋渔业资源可持续开发省部共建教育部重点实验室的支持，以及农业部科研杰出人才及其创新团队——大洋性鱿鱼资源可持续开发的资助。

目　　录

第1章 绪 论

1.1 问 题 提 出

茎柔鱼 *Dosidicus gigas* 隶属柔鱼科 Ommastrephidae 茎柔鱼属 *Dosidicus*（图 1-1），广泛分布于东太平洋北美洲北部至智利南部，40°N～47°S 海域，在赤道附近向西延伸至 125°W。近十年来发现，其分布向北已延伸至阿拉斯加附近海域，向南延伸至智利南部高纬度海域(图 1-2)。其中，以加利福尼亚至智利北部的沿岸至 200～250n mile 的资源密度最为丰富，主要作业渔场有加利福尼亚湾、哥斯达黎加冷水圈、秘鲁沿岸和外海以及智利沿岸和外海等。茎柔鱼现已成为东太平洋最重要的捕捞对象，它在海洋中上层生态系统中也扮演着关键角色。

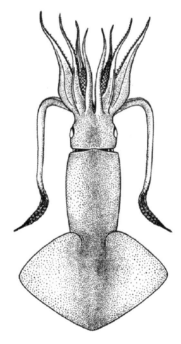

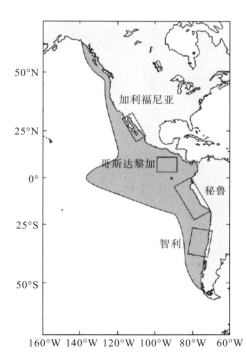

图 1-1　茎柔鱼背视图　　图 1-2　茎柔鱼分布图(长方形中涉海区域为主要作业渔场)

　　1965 年末至 1966 年初，苏联调查船曾在秘鲁外海、智利近海海域进行调查，发现了大批茎柔鱼群体。茎柔鱼渔业始于 1974 年，以当地的手钓作业为主，渔获量较少。1991 年，日本和韩国鱿钓船在秘鲁水域进行了以茎柔鱼为捕捞对象的试捕与调查工作，并取得了成功。之后，茎柔鱼资源得到大规模的开发。根据联合国粮食及农业组织（Food and Agriculture Organization，FAO）统计，茎柔鱼产量从 1991 年的 4.6×10^4 t 增加到 1992 年的 11.8×10^4 t，之后至 1997 年一直维持在 $10 \times 10^4 \sim 20 \times 10^4$ t，1998 年受厄尔尼诺事件的影响，其产量下降至历史最低点，仅为 2.7×10^4 t。1999～2002 年年产量又逐步恢复至近 40×10^4 t，2004 年产量猛增至近 80×10^4 t，之后至 2008 年基本维持在这个水平（图 1-3）。目前，茎柔鱼已成为世界头足类产量最高的种类之一。

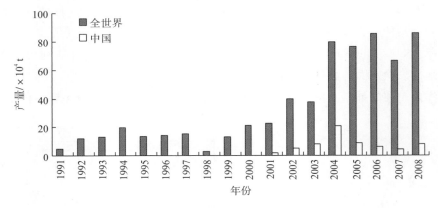

图 1-3　东太平洋茎柔鱼产量图

　　我国于 2001 年 6～9 月在秘鲁外海对茎柔鱼资源进行了首次生产性调查，并取得了成功，当年就有几十艘鱿钓船在秘鲁外海进行生产，其产量达到 1.8×10^4 t。2002 年有 11 家渔业公司共 43 艘渔船进入该海域生产，年产量达到 5×10^4 t。2004 年我国鱿钓船猛增至 119 艘，产量突破 20×10^4 t。之后，2005～2009 年由于茎柔鱼渔获价格较低，经济效益不佳，捕捞产量有所下降，年产量维持在 $4 \times 10^4 \sim 8 \times 10^4$ t，作业渔船减少至 50 艘左右。其间，2006～2009 年在农业部探捕项目的支持下，我国鱿钓渔船分别对智利和哥斯达黎加外海茎柔鱼资源进行了探捕，取得了探捕期间平均日产量超过 5t 的好成绩。目前，东太平洋茎柔鱼渔业在我国远洋鱿钓渔业中占据着极为重要的地位，其年产量约占我国远洋鱿钓产量的 1/3以上。

　　茎柔鱼曾是经济鱼类的优良钓饵，也可做鱼粉，现已成为人们食用的重要海产品，市场需求量大。其资源量、补充量、渔获个体大小受海洋环境影响明显。研究认为，在哥斯达黎加外海，厄尔尼诺年份茎柔鱼产量高，拉尼那年份则产量低。在智利海域，2000 年以后才出现大量茎柔鱼资源量，2005 年产量达到 30×10^4 t。在秘鲁海域，温暖的年份茎柔鱼以小型和中型个体为主，大型个体很少。这些现象的发生目前还难以合理地解释。

为了确保东太平洋渔业资源的可持续利用，世界各国一方面加强对公海主要经济种类的基础研究和资源调查，另一方面通过成立区域性国际渔业组织对资源进行管理。东南太平洋等区域性国际渔业管理组织已着手对茎柔鱼、竹筴鱼等资源进行管理，对生产统计数据进行规范，今后趋势是对茎柔鱼等资源实行基于生态系统的渔业管理。为了充分了解东太平洋茎柔鱼种群资源的变动，增强我国在国际性管理组织中的话语权，需要对其年龄、生长、种群、繁殖、洄游特性以及适合的产卵场和索饵场等生活史内容进行系统的研究。为此，本书期望利用耳石微结构和微化学等技术，对茎柔鱼生活史过程及其主要栖息地特性进行研究，以便能够了解其种群动力学特性，为确保该资源的合理开发和科学管理提供基础。

1.2　国内外研究现状和存在的问题

1.2.1　国内外研究现状

1.2.1.1　年龄与生长的研究

年龄与生长是研究鱼类生活史的最基本内容之一，其研究方法主要包括体长频度法、实验室饲养法、标记重捕法和硬组织生长纹研究法。

体长频度法认为，头足类的生长与鱼类一样，属于渐近式生长，适合用 Von Bertalanffy 生长方程来描述（Jarre et al.，1991）。Jackson 等（2000）根据枪乌贼 *Loligo* spp. 的生物学特性和胴长数据，利用 ELEFAN 软件模拟得出其寿命大于 35 个月，而实际上枪乌贼生命周期仅 200d。大多数头足类产卵期长，如科氏滑柔鱼 *Illex coindetii*（González，1994），且存在较大规模的洄游现象，导致不同世代的群体混居在一起，因而在做年龄和生长分析时无法排除群体之间的干扰。鉴于头足类这种常年产卵、生长迅速、生命周期短的特性（Alford and Jackson，1993；Jackson，1994），一些学者认为体长频度法不适合用来研究头足类的年龄和生长（Caddy，1991；Jackson and Choat，1992；Jackson et al.，1997）。

实验室饲养法研究头足类年龄始于 20 世纪 60 年代（Itami et al.，1963；Choe，1966）。尽管在实验室内可以通过控制实验环境以达到其生长要求，但是该方法还是存在诸多不足之处。头足类尤其是重要大洋性柔鱼类很难在实验室条件下饲养，其幼体死亡率极高，存活时间短，且在实验室控制条件下所得的生长曲线不能完全适合野生条件下的多变环境(Boletzky and von Hanlon，1983)。

标记重捕法避免了实验室饲养法引起的环境不匹配的缺点。头足类的首次标记重捕实验是 Soeda 于 1927 年在太平洋褶柔鱼 *Todarodes Pacificus* 上进行的(Soeda，1950)，他通过该实验成功分析了太平洋褶柔鱼的洄游路线。自此之后，机械、化学以及电子标记被应用到一些头足类的标记研究当中。然而，该方法最大的缺点是回捕率极低，往往几千尾的标记鱼只能回捕几尾。此外，这些不同种类的标记或多或少会干扰标记对象的生理活动，也可能使它们受到感染，因而更容易被捕食者攻击。尽管如此，标记重捕法还是成功地估算了一些头足类自然生长条件下的生长状况。

相比以上方法，基于硬组织生长纹的年龄和生长研究方法开始得相对较晚(Young，1960)。头足类的硬组织，如耳石(statolith)、柔鱼类的角质内壳(gladius)、乌贼类的石灰质内壳(sepion)、蛸类退化的骨针(vestigial shell)、角质颚(beaks)甚至眼睛晶体(crystalline lens)都具有生长纹，而其中的一些组织已在年龄和生长中得到了应用(Sifner，2008)。

角质内壳可用来研究柔鱼类的年龄和生长。它由角质层(periostracum)、介壳层(ostracum)、内壳层(hypostracum)三部分组成，每一层都有生长纹。对不同种类而言，能够反映实际年龄的壳层有所不同，如科达乌贼 *Kondakovia longimana* 的角质层(Arkhipkin and Bizikov，1991)和贝乌贼 *Berryteuthis magister* 的内壳层(Bizikov，1991)生长纹数与实际年龄相符，而鸢乌贼 *Sthenoteuthis oualaniensis*(Bizikov，1995)的介壳层生长纹数接近实际年龄。尽管科达乌贼和阿根廷滑柔鱼等种类生长纹的日周期已得到了验证，但是相对于整个柔鱼类来说还是很少，需要在今后的研究中不断完善。

乌贼类的石灰质内壳中存在明显的生长薄片(lamellae)，但是有关生长薄片的日周期性存在着争议。一些学者认为生长薄片具有日周期性，一些学者认为薄片数与乌贼的生长相关，但是其沉积不具有周期性(Ré and Narciso，1994)，更多学者认为生长薄片的沉积周期性与其生活环境的温度息息相关(Richard，1969；Bettencourt and Guerra，2001)。Bettencourt 和 Guerra(2001)通过对比试验发现，乌贼在饲养水温为 13~15℃和 18~20℃的条件下，形成一个生长薄片分别约需要 8 天和 3 天。因此，只有在水温恒定情况下，用乌贼类内壳鉴定年龄才是可靠的。

蛸类、柔鱼类均与乌贼类不同，它们没有角质内壳和石灰质内壳，然而学者们在其角质颚和退化的骨针中发现了生长纹结构，并用来研究其年龄与生长

（Raya and Hernández-González，1998；Hernández-López et al.，2001；Doubleday et al.，2006；Hermosilla et al.，2010）。Hernández-lópez 等（2001）研究发现，在真蛸 Octopus vulgaris 的样本中，有 48.1% 的仔鱼角质颚轮纹与其生长天数相等，22.2% 和 29.6% 的样本分别多于和少于生长天数，因此孵化后角质颚的轮纹基本符合一日一轮。Barratt 和 Allock（2010）研究了球形深海多足蛸 Bathypolypus sponsalis、尖盘爱尔斗蛸 Eledone cirrhosa、塞特巨爱尔斗蛸 Megaleledon setebos 和苍白蛸 O. pallidus 四种蛸类骨针的生长纹结构。Doubleday 等（2006）和 Hermosilla 等（2010）先后证明了苍白蛸和真蛸骨针生长纹的日周期性。

　　耳石是位于平衡囊内起平衡作用的一对硬组织，其信息储存稳定，是研究头足类年龄和生长最为广泛和有效的硬组织材料。基于耳石生长纹的年龄与生长的研究需要以日龄鉴定的准确性（轮纹数的测量值接近真实值）和精确性（同样实验条件和测量方法下轮纹的测量值可重复性高）作为基础（刘必林，2006），其影响的因素有：①轮纹计数方法的科学性。一般情况下，每一个耳石的轮纹由不同观察者分别计数一次，如果两者计数的轮纹数目与均值的差值低于 10%，则认为计数准确，否则再分别计数一次然后取四次平均值。②日轮与亚日轮的鉴别。头足类研究者们常在耳石中观察到亚日轮，如莱氏拟乌贼 Sepioteuthis lessoniana（Jackson，1990）、贝乌贼（Arkhipkin et al.，1996）、安哥拉褶柔鱼 Todarodes angolensis（Villanueva，1992）和鸢乌贼等（刘必林，2006），温度的波动可能是影响其形成的主要原因，因此在日龄的鉴定过程中需要注意区分亚日轮，以免影响年龄鉴定的准确性。③初始轮纹（零轮）的确定。闭眼亚目如乌贼类零轮形成于胚胎发生时，即在胚胎发育期已有轮纹沉积，诞生轮则形成于幼体孵化时，因此零轮早于诞生轮（Morris，1991a）；而多数开眼亚目如柔鱼类胚胎发育期没有轮纹沉积，因此零轮即诞生轮（Balch et al.，1988）。

　　头足类耳石的生长纹由明纹和暗纹两部分组成，明纹主要成分为碳酸钙，暗纹主要成分为有机物质（Bettencourt and Guerra，2000）。成体耳石背区轮纹根据宽度可分成后核心区（postnuclear）、暗区（dark zone）和外围区（peripheral zone）三个部分（Arkhipikn，2005），各区的形成与个体主要发育期相关。耳石暗区（轮纹最宽）和外围区（轮纹最窄）可能是性腺开始发育到性成熟时期摄入的食物量降低所致（Kristensen，1980；Morris and Aldrich，1985）。Arkhipkin 和 Perez（1998）分析认为，耳石暗区与外围区的过渡区与性成熟开始无关，但可能与食性变化有关，暗区形成时期以甲壳类为食，外围区形成时期以鱼类和其他头足类为食。有些学者则认为，暗区与外围区域的过渡区与浮游时期转移到深水生活有关（Jackson，1993；Arkhipikn，1997）。

影响生长纹清晰度的因素有很多，主要可以概括为以下三种观点：①离子作用观点认为，耳石晶体规律性沉积与离子作用相关，离子种类与浓度变化影响轮纹的清晰度（Morris，1991b）。②有机蛋白调控观点认为，生长纹沉积与蛋白质分泌明显相关（Kristensen，1980），有机物含量差异影响轮纹的清晰度（Bettencourt and Guerra，2000），其中不溶性蛋白是主导因素（Durholtz et al.，1999）。③钙/蛋白质比值观点认为，生长纹及其附近不连续区域中钙/蛋白质的比值决定了其清晰度，减小该比值可使清晰度增加（Durholtz and Lipinski，2000）。

Young（1960）首先在真蛸 Octopus vulgaris 耳石中发现生长纹结构，直到1979年Lipinski（1979）才正式提出"一生长纹等于一天"的假说，为了证明这一假说的可靠性需要对头足类耳石轮纹日周期性沉积进行证实。目前关于头足类耳石生长纹日周期性证实主要有三种方法：①连续采样法，记录每次样品的平均轮纹数，该方法已应用于滑柔鱼 Illex illecebrosus、阿根廷滑柔鱼、新西兰双柔鱼 Nototodarus sloanli 等的年龄研究，其结论基本支持"一日一轮"的假说（Uozumi and Ohara，1993），缺陷在于连续取样的时间间隔不好把握，迁移、死亡等因素带来的偏差无法避免。②实验室饲养法，通过生长纹数与已知年龄对照，是其周期性的证实最直接的方法，该方法已证实了三角钩腕乌贼 Abralia trigonura、莱氏拟乌贼生长纹具有日周期性（Bigelow，1992；Jackson et al.，1993）。由于只有少数种类可在实验室饲养，且饲养环境与野生环境存在差异，所以生长纹日周期性结果可能产生偏差。③化学标记法，通过计数标记后或标记间的生长纹数与已知饲养天数对照，该方法使枪乌贼、夜光枪乌贼 Loliolus nocticula、普氏枪乌贼 Doryteuthis plei、好望角枪乌贼的生长纹日周期性得到了证实（Lipinski et al.，1998；Villanueva，2000；Durholtz et al.，2002；Jackson and Forsythe，2002）。

自从在头足类耳石中发现生长纹结构以来，基于耳石轮纹计数的年龄估算在头足类中得到了广泛应用，其中以柔鱼科 Ommastrephidae 和枪乌贼科两经济科类为研究重点，少数见于乌贼科 Sepiidae、微鳍乌贼科 Idiosepiidae、武装乌贼科 Enoploteuthidae、火乌贼科 Pyroteuthidae、菱鳍乌贼科 Thysanoteuthidae、爪乌贼科 Onychoteuthidae、鼷乌贼科 Gonatidae、大王乌贼科 Architeuthidae、狼乌贼科 Lycoteuthidae、鱼钩乌贼科 Ancistrocheiridae，它们的寿命一般为1年左右，很少大于2年。

目前，头足类常用生长模型有线性、指数、幂函数、逻辑斯谛（Logistic）等多种。然而，由于头足类的年龄和生长受生物（饵料、敌害、空间竞争等）、非生物（温度、光照、盐度等）以及地理环境等多方面因素的影响，因此同种头足类的不同性别、种群、地理区域之间，甚至不同生长阶段，适合的生长方程常会有异。根据耳石估算的年龄建立生长方程时要灵活运用，应针对不同情况选用适合的生长模型，尤其在研究头足类整个生命周期内的生长时需采用多种生长模型相结合的方式。

1.2.1.2　种群结构的研究

头足类种群结构的研究已经取得了很大的进展，传统的形态学和生态学方法为头足类种群鉴定提供了基本的手段，运用头足类耳石的生长轮，对其年龄、生长和产卵期、产卵地等进行推算是当前研究的主要手段，分子生物技术和分子遗传学标记是研究头足类种群的新兴手段。

形态学方法是鉴别种群的传统方法，它通过对分节特征、体型特征和解剖学特征进行测量和鉴定，依据这些特征的差异程度来划分种群。但是，研究认为头足类硬组织(如内壳、角质颚和耳石等)因其具有稳定形态特征，要比利用软组织(如腕足、触腕和外套部等)来研究种群可靠。Nigmatullin(1989)认为，外套膜厚度、鳍长、腕长、触腕吸盘直径，以及茎化腕等软体部位的特征不适合用来鉴定阿根廷滑柔鱼种群，而 Bruneti 等(1992)发现，阿根廷滑柔鱼夏生群和北巴塔哥尼亚群的耳石形态差异显著，可用来划分群体。耳石的微结构特征也常被看作种群划分的依据。Natsukari 等(1988)根据耳石推算的孵化期将剑尖枪乌贼分为暖水性和冷水性两个种群。Argüelles 等(2001)根据耳石的日增长量及其亮纹带等，将秘鲁海域的茎柔鱼划分为胴长小于 490mm 和大于 520mm 的两个种群。Arkhipkin(1993)认为，分布在大洋和大陆架的阿根廷滑柔鱼，它们的耳石生长纹的颜色、清晰度等存在着显著的差异。

生态学种群鉴定方法通常包括不同生态条件下种群的生活史及其参数的差异性比较，如生殖指标、生长指标、年龄指标、洄游分布、寄生虫以及种群数量变动等。这些生态离散性和差异性产生于时间和空间的不均匀性，其中生殖及分布区的隔离往往成为判别种群的最重要标志。Segawa 等(1993)根据产卵模式对冲绳浅海海域莱氏拟乌贼种群结构进行了研究，认为该海域的莱氏拟乌贼不止 1 个种群。分布在新西兰南部海域的新西兰双柔鱼和分布在新西兰北部海域的澳洲双柔鱼 *Nototodarus gouldi*，被认为是由于地理分布隔离所形成的。

近年来，随着分子生物学技术的迅速发展，随机扩增多态性 DNA(RAPD)、微卫星 DNA、线粒体 DNA 序列多态性等分子遗传学标记已经逐渐应用于头足类的种群结构及遗传多样性的研究之中。尽管目前已在 20 多种头足类物种中进行了研究，但是绝大多数种类的遗传变异性都相当低，往往只适合于种或者种以上头足类的鉴定。Sandoval-Castellanos 等(2007)通过 RAPD 法分析，将智利、秘鲁和墨西哥海域的茎柔鱼分为南半球和北半球两个种群，但是无法进一步细分。闫杰等（2011）通过分子生物学方法分析了哥斯达黎加和秘鲁外海茎柔鱼的遗传变异情况，结果只有部分个体存在差异。

1.2.1.3　繁殖特性的研究

头足类繁殖生物学已渐渐地成为头足类生物学研究的热点。Rocha 等（2001）综述了头足类的繁殖策略，将头足类产卵模式分为：瞬时终端产卵（simultaneous terminal spawning）型、多轮产卵（polycyclic spawning）型、多次产卵（multiple spawning）型、间歇性终端产卵（intermittent terminal spawning）型和持续产卵（continuous spawning）型 5 种，茎柔鱼属于多次产卵型。近年来，我国学者也相继开展了有关头足类种群遗传、增养殖及繁殖行为等研究。施慧雄等（2008）从繁殖习性、性腺发育及配子发生、性腺激素、生殖系统的特异性蛋白等方面综述了头足类动物的基础繁殖生物学。

茎柔鱼繁殖力强，雌性最大怀卵量可达 320 万枚，一般为 30 万～130 万枚，卵径 0.8～1.0mm；胴长 250～350mm 的成熟雄性精荚 300～1200 个。茎柔鱼全年产卵，南半球高峰期在春季和夏季，产卵场通常位于大陆架斜坡及其临近的大洋水域。茎柔鱼通常夜间在表层水域交配，交配时，雌雄头对头，雄性个体将精荚排在雌性的纳精囊内。胚胎在 18℃时孵化需要 6～9d，初孵幼体体长 1.1mm 左右，仔鱼胴长 1～10mm，稚鱼胴长 15～100mm，亚成鱼胴长 150～350mm，成鱼胴长 400mm 以上（Nigmatullin et al.，2001）。茎柔鱼的性别比例、初次性成熟胴长等繁殖生物学指标时间和空间波动明显（Keyl，2009）。

1.2.1.4　耳石微化学的研究

近年来，基于生物体钙化组织中微量元素和同位素等微化学成分的分析，已成为研究和分析海洋生物种群结构与栖息环境的一种新兴手段，它在珊瑚骨骼、双壳类贝壳、腹足类和鱼类的耳石研究中得到了广泛应用。头足类耳石与鱼类耳石享有许多相似的地球化学和微结构特性，主要成分为碳酸钙，均具有由蛋白质和文石交替形成的周期性生长纹，两者的相似性使其微化学成分在头足类研究中的应用具有了可能性。

目前用于头足类耳石微量元素分析的方法主要有：质子 X 射线荧光分析（proton-induced X-ray emission，PIXE）法、电子探针微区分析（electron probe microanalysis，EPMA）法、电感耦合等离子体质谱（inductively coupled plasma mass spectrometry，ICP-MS）法、激光剥蚀－电感耦合等离子体质谱（laser ablation inductively coupled plasma mass spectrometry，LA-ICP-MS）法等。

PIXE 法可用来分析耳石不同截面的元素分布情况，一次测量可同时分析几种元素，空间分辨率为 3μm，一般用来分析含量较高的少量元素，如 Sr、Ca、Fe 等。EMPA 法分析时不会对样品造成较大程度损伤，空间分辨率 1~3μm，它可从时间序列上准确探测出浓度大于 300ppm($1ppm=1\times10^{-6}$)的少量元素，在头足类中一般用于分析 Sr/Ca。LA-ICP-MS 近年来被广泛应用于头足类耳石微区的元素分析，该方法优点在于样品制备和测试简单、空间分辨率高、检测限低，可从时间序列上分析耳石断面上绝大多数元素。ICP-MS 法与以上几种方法不同，不能从时间序列上测试耳石不同微区的微量元素，但是它不仅可测试耳石整体的微量元素，而且可分析头足类生活的水环境以及食物样本中的微量元素，其优点是敏感度高，可同时测量出多种含量极低的痕量元素。

头足类耳石记录了头足类整个生命周期内所生活的水环境特征，而水环境的变化导致耳石微量元素的改变。由于耳石的非细胞性和代谢惰性，水环境中沉积在耳石中的化学元素基本上是永久性的。通过周围水环境和耳石中微量元素的相关信息分析，不仅可以有效地划分头足类群体，而且对头足类的洄游、繁殖、产卵等生活史分析，以及温度、盐度、食物等栖息环境的重建起着重要作用。

Arkhipkin 等(2004)研究发现，巴塔哥尼亚枪乌贼 Loligo gahi 的不同地理群和不同季节产卵群，其耳石的微量元素变化明显。秘鲁海域头足类的耳石 Mn/Ca、Sr/Ca 和 Ba/Ca 较大西洋的低，而 Mg/Ca 较大西洋的高；秋生群的耳石 Ba/Ca 和 Cd/Ca 随着个体性成熟度增加而增大，而春生群的耳石 Ba/Ca 和 Cd/Ca 随着个体性成熟度增加而减小；秋生群的 Mg/Ca 和 Mn/Ca 随着性成熟度增加而减小，春生群的 Sr/Ca 和 Ba/Ca 随着性成熟度增加而增大。Ikeda 等 (1996a)研究不同地理区域的两种太平洋褶柔鱼种群发现其耳石 Sr/Ca 存在明显差异；而 Rodhouse 等(1994)研究分别采自南极锋面区(Antarctic polar frontal zone，APFZ)和巴塔哥尼亚陆架外缘区同一种群的七星柔鱼 Martialia hyadesi 则发现耳石 Sr/Ca 无明显差异。

Ikeda 等(1996a)根据耳石微量元素的分析，不仅重建了太平洋褶柔鱼的生活水温，而且还得出亚北极大型群与对马岛小型群产卵场和洄游路线完全不同。Yatsu 等(1998)通过对耳石不同生长阶段 Sr 元素的分析，推断柔鱼幼体生活水温较成体要高。福氏枪乌贼 Loligo forbesi 不同生长阶段耳石中 Sr 元素变化明显，推断其生命周期内可能经历不同水环境下的大范围移动。Arkhipkin 等 (2004)根据耳石 Cd/Ca 和 Ba/Ca 的变化推断冬季巴塔哥尼亚枪乌贼在深水生活。Zumholz(2005)运用 LA-ICP-MS 法从时间序列上分析了黵乌贼 Gonatus fabricii 耳石中的 9 种微量元素，一方面从 Ba/Ca 的变化证实了黵乌贼幼年期生活在表层水域而成年期生活在深层水域，另一方面根据耳石中心至外围区 U/Ca 和 Sr/Ca

逐渐增加推断黵乌贼成体向冷水区进行洄游。Rodhouse 等（1994）依据耳石 Sr/Ca 及轮纹数据推断七星柔鱼在暖水区产卵。

头足类耳石中 Sr/Ca 通常与水温呈负相关。Ikeda 等（1996a）分析不同水温站点采集的太平洋褶柔鱼耳石的 Sr 显示，采自冷水区耳石的 Sr 含量高于采自暖水区的 Sr 含量。Ikeda 等（1996b）研究栖息于不同气候条件下的柔鱼类和枪乌贼类发现，生活于亚热带的柔鱼和太平洋褶柔鱼耳石中的 Sr 含量高于热带杜氏枪乌贼 *Uroteuthis duvauceli*、中国枪乌贼 *Uroteuthis chinensis*、剑尖枪乌贼 *Uroteuthis edulis* 和莱氏拟乌贼，生活于温带的柔鱼耳石中 Sr 含量明显高于生活于亚热带的茎柔鱼和鸢乌贼，日本北海道北部沿岸水域的水蛸 *Enteroctopus dofleini* 耳石 Sr 含量与其生活的底层水温呈明显的负相关。

1.2.1.5　洄游特性的研究

头足类洄游普遍出现在其生命史的各个阶段，从鱼卵仔鱼随海流的被动漂移，到成鱼的昼夜垂直移动和数千公里的索饵-产卵洄游，大洋性柔鱼类生命史各个阶段的洄游与海水温度、海流等海洋环境息息相关，而食物被认为是影响其洄游与移动的最重要因素。头足类洄游与移动的研究方法可概括为标记重捕、电子标记、化学标记和自然标记等 4 类。

标记重捕法是研究头足类洄游最广泛、最直接的方法，它的优点在于成本低、操作简便，但致命的缺点是对鱼体损伤大、幼鱼个体小而无法标记、回捕率低，该方法在太平洋褶柔鱼产卵洄游的研究中取得了成功。Markaida 等（2005）在墨西哥加利福尼亚湾对茎柔鱼进行标记回捕，结果回捕率只有 8.03%，并且回捕日期与释放日期相隔很短，最长只有 15d，最短只有几小时，因此无法获得更多的信息。

电子标记法是将电子发射装置安放在鱼体表面，它随时记录周边的水环境特征，并通过特定的密码或频率发射到接收装置上。声波发射器是应用最广泛的电子标记，它的优点在于不需要回捕就可以直接通过接收装置获取标记释放以后所经历的环境信息，缺点是成本昂贵，而且接收器覆盖的范围有限，当被标记对象超过一定的水平，或者超过一定的水深，接收器就无法接收到信号。Yatsu 等（1999）、Gilly 等（2006a）和 Bazzino 等（2010）先后利用电子标记法研究了茎柔鱼垂直移动特性。

化学标记法包括四环素类药物标记以及微量元素和同位素标记两类。四环素类药物标记主要用于确定头足类日龄周期性，目前还没有直接用于研究头足类洄游的报道。近年来，海洋环境因子（主要为水温）与耳石微量元素和同位素标记相结合，被逐渐应用到头足类的洄游研究当中。Zumholz（2005）通过微量元素分析，证实了鳞乌贼幼年期生活在表层水域，而成年期生活在深层水域并向冷水区进行洄游。该方法优点在于样本容易获取，但值得注意的是要合理选择实验方法。

寄生虫及分子遗传特性分析都属于自然标记范畴。在了解寄生虫的地理分布特性和寄主的独特性的基础上，可通过寄生虫区系的差异来分析头足类的洄游与移动。分子遗传标记是研究头足类洄游与移动的较有效的方法之一，研究证明，大洋性柔鱼类具有洄游距离长、移动范围广的特点，其洄游与移动易受主要海洋环境变化影响，而乌贼类和蛸类洄游与移动范围小。近年来，有研究通过卫星遥感数据监测灯光鱿钓船的移动来分析重要大洋性经济种类如茎柔鱼的资源分布（Waluda et al.，2006），但是这种方法监测到的可能不是其真正的移动方式。

1.2.1.6　重要栖息地的研究

20 世纪 80 年代初，Cadyy（1983）和 Rowell 等（1985）首先提出头足类的资源量及分布与海洋环境之间的关系。90 年代以后，研究者们从水温入手开始相关的研究。最初的研究揭示了温度与柔鱼类分布及资源量的关系，研究结果为寻找渔场提供了一定的理论依据。随着研究方法的发展，研究者们开始考虑更多的环境因素，包括海表层温度（sea surface temperature，SST）、海表层盐度（sea surface salinity，SSS）、海表面高度（sea surface height，SSH）、海表层叶绿素 a 浓度（Chl-a）、锋面等，试图解释环境变量对柔鱼类主要栖息地的影响。

研究从最初单一因子变量的回归模型和相关性分析发展到现在多因子变量的复杂数理模型，包括应用 generalized linear models（GLM）、generalized additive models（GAM）来解释各种环境因子对柔鱼类分布的影响。例如，田思泉等（2006）利用 GAM 分析阿拉伯北部公海海域鸢乌贼渔场分布及其与海洋环境因子的关系，结果表明产量与表温、50m 水温和 200m 水温以及各层盐度的关系密切。类似的还有栖息地指数模型（habitat suitability index，HSI），Tian 等（2009）利用该模型分析了北太平洋柔鱼栖息地环境变量与其分布的关系，揭示了关键性环境变量以及其适合范围。另外还包括应用 auto-regressive integrated moving average（ARIMA）等时间序列分析法来分析环境变量对资源量分布和变化的延迟影响与时间上的自相关性，这些模型主要为时间模拟即利用数据在时间序列上的变化找出变量之间的关系。另外，由于地理信息系统（GIS）的发展，一些空间模拟的模型也得到了较大的发展，包括应用 generalized additive mixed models（GAMM）来分析环境变量影响资源量空间上的分布（Mafalda et al.，2009）等。最后在模型的计算过程中，许多新的方法也被应用，例如 bootstrapping、人工神经网络（artificial neural networks，ANN）算法和贝叶斯模型（Bayesian models）（Georgakarakos et al.，2006），从而使得模型的结果更为准确。陈新军和赵小虎

(2005，2006)先后分析了智利和秘鲁外海茎柔鱼作业渔场适宜的 SST。胡振明和陈新军(2008)分析了秘鲁外海渔场分布与 SST 及 SST 距平均值的关系，胡振明等(2009a)在分析中又增加了 SST 水平梯度和垂直水温数据，2010 年又将 HSI 模型运用到分析当中，并增加了 SSS、SSH 和 Chl-a 数据。

1.2.2 存在的问题

通过上述分析可知，在头足类生活史众多的研究方法和手段当中，耳石因其具有信息储存稳定的特点而受到国内外学者的青睐，它不仅在其他柔鱼类中得到了广泛应用，而且在茎柔鱼研究中也取得了不小的成果。但是目前仍然存在较多问题，主要可归纳为以下几点。

第一，茎柔鱼广泛分布于东太平洋美洲沿岸和外海，然而以往的研究多集中在沿岸水域，涉及 200n mile 专属经济区以外海域的研究很少，而我国茎柔鱼鱿钓渔业作业渔场主要集中在 200n mile 专属经济区以外的公海海域，因此掌握专属经济区外海的茎柔鱼生活史特性尤其必要。

第二，关于茎柔鱼年龄、生长、繁殖特性等生活史内容的研究只集中在某个海区，缺少不同海区的比较分析，通过比较分析可以了解茎柔鱼的种群资源变动及其联通性，为进一步分析其渔场变动提供基础。

第三，茎柔鱼种群的遗传分化不明显，除了根据成熟个体胴长范围将其划分为不同体型群外，目前尚没有具体的方法来划分不同地理种群和产卵种群。因此需要建立科学的茎柔鱼种群判定方法，弥补形态学、分子遗传学等方法的不足。

第四，虽然关于茎柔鱼的洄游已有不少报道，但是这些多为推测性报道，没有被直接证实。洄游与分布是生活史的重要内容，了解不同生活史时期个体适合的栖息环境和可能分布的海区，有利于掌握茎柔鱼资源变动和分布。因此，开发和建立茎柔鱼洄游的研究方法势在必行。

第五，以往的茎柔鱼索饵场栖息地研究模型还不能很好地解决大量零生产数据的建模问题。关于茎柔鱼分布与环境关系的研究多集中在水温这一单因子，因此需要选择更适合的模型，并增加环境变量来预测茎柔鱼适合的索饵场，通过对索饵场栖息环境的分析有助于了解茎柔鱼渔场形成的原因，掌握资源变动的规律。

1.3 研 究 内 容

本书根据我国远洋鱿钓渔船在东太平洋的哥斯达黎加外海、秘鲁外海和智利外海生产和调查时采集的数据，对茎柔鱼的生活史进行研究。研究内容主要包括：通过耳石微结构的分析来研究各海区茎柔鱼的年龄、生长和孵化日期，并进行差异性比较；研究茎柔鱼不同生活史时期耳石微量元素的组成；利用耳石微量元素划分茎柔鱼不同地理和产卵群体；根据 Sr/Ca 和 Ba/Ca 与 SST 的关系推算茎柔鱼的洄游路线；分析各海区域茎柔鱼的繁殖特性，并推算产卵场的分布；利用渔业生产数据，结合海洋环境因子、应用栖息地指数理论来推测适合的索饵场。具体研究内容如下。

(1) 不同海区茎柔鱼渔业生物学比较研究，主要对秘鲁外海、智利外海、哥斯达黎加外海和赤道公海附近海域的茎柔鱼胴长组成、胴长与体重的关系、性别比例与性腺成熟度、初次性成熟和摄食等级等进行比较分析，以便掌握不同海域的茎柔鱼渔业生物学差异。

(2) 基于胴体和耳石外部形态的不同海域茎柔鱼种群组成分析及其差异比较，主要利用智利外海、秘鲁外海和哥斯达黎加外海茎柔鱼的胴体形态参数以及耳石外部形态进行，利用多种统计方法对其种群组成等进行分析，探讨采用外部形态进行种群判别的可能性。

(3) 基于耳石微结构的年龄与生长研究。主要根据 2007~2010 年在哥斯达黎加外海、秘鲁外海和智利外海采集的茎柔鱼样本，通过对耳石微结构的分析对茎柔鱼仔鱼、稚鱼和成鱼的年龄进行鉴定，推算孵化日期，划分产卵群体，结合胴长和体重数据对其生长方程进行估算，并计算生长率，同时对 3 海区进行差异性比较。

(4) 基于耳石微化学的种群鉴定及洄游路线重建。主要利用 LA-ICP-MS 法分析了茎柔鱼不同生活史时期耳石微量元素的组成，通过各生活史时期差异性的比较分析了茎柔鱼仔鱼到成鱼栖息水层的变化，分析不同地理和产卵群体茎柔鱼耳石微量元素的差异。同时，以茎柔鱼胚胎期和仔鱼期耳石的微量元素为材料，利用典型判别分析法对茎柔鱼的种群进行划分，用交互检验法获取判别率，以判别函数系数及其均值计算 95% 椭圆置信区间，通过随机检验验证判别是否由随机误差造成。此外，建立以耳石微量元素为标记的茎柔鱼洄游路线重建的新方法。首先建立耳石最外围微量元素与捕捞地点海表层温度 (SST) 的关系，然后根据稚鱼、亚成鱼和成鱼期耳石中的微量元素找出各自所适合的 SST 以及可能分布的海区，推测洄游路线。

(5) 基于繁殖特性及生产数据的产卵场与索饵场的推测。主要根据繁殖生物学、年龄生长数据，分析茎柔鱼的性比、性腺指标、缠卵腺指标、性成熟指标，并根据这些繁殖特性对各海区茎柔鱼的种群结构进行分析，推测可能的产卵场。同时，根据 2006~2010 年在东南太平洋秘鲁和智利外海的渔业生产数据，结合海洋环境数据，运用 two-stage GAM 分析适合的索饵场。

第2章 不同海域茎柔鱼生物学比较

2.1 材料和方法

2.1.1 采样的时间和海域

茎柔鱼样本来自哥斯达黎加外海、秘鲁外海、智利外海以及赤道公海附近海域。哥斯达黎加外海采集时间为2009年7月和8月，采集地点为$91°48'\sim99°30'$W、$6°36'\sim9°30'$N；秘鲁外海采集时间为2008年1月$\sim$2010年11月，采集地点为$79°12'\sim85°51'$W、$10°21'\sim18°16'$S；智利外海采集时间为2007年1月、5$\sim$6月，2008年2$\sim$3月、5月以及2010年4$\sim$6月，采集地点为$75°00'\sim82°28'$W、$20°00'\sim40°57'$S；赤道公海附近海域采集时间为2012年2月和7月，采集地点是$114°\sim120°$W、$3°$N$\sim5°$S(表2-1，图2-1)。上述4个海域样本采集均来自茎柔鱼索饵生长阶段的渔汛间，处在同一生长阶段。

表 2-1 茎柔鱼样本信息

海区	鱿钓船	采样地点	采样日期	样本数/尾
智利外海	新世纪52号	$76°00'\sim80°00'$W、$23°30'\sim40°57'$S	2007年1、5$\sim$6月	430
	新世纪52号	$79°25'\sim82°28'$W、$20°30'\sim39°43'$S	2008年2$\sim$3月	169
	浙远渔807号	$75°00'\sim79°30'$W、$20°00'\sim24°00'$S	2008年5月	468
	丰汇16号	$75°03'\sim77°50'$W、$24°50'\sim29°25'$S	2010年4$\sim$5月	89
	新吉利8号	$75°05'\sim79°21'$W、$24°04'\sim28°56'$S	2010年4$\sim$6月	278
	金鱿8号	$76°01'\sim76°25'$W、$27°49'\sim28°53'$S	2010年6月	19
秘鲁外海	新世纪52号	$82°48'\sim83°37'$W、$12°43'\sim15°55'$S	2008年1$\sim$2月	381
	浙远渔807号	$82°05'\sim85°30'$W、$10°32'\sim13°32'$S	2008年9月 2009年2月	311
	丰汇16号	—	2009年8$\sim$10月	387
	丰汇16号	$79°22'\sim84°29'$W、$10°21'\sim18°16'$S	2009年9月$\sim$2010年11月	1394
	新吉利8号	$79°12'\sim85°51'$W、$16°18'\sim17°32'$S	2010年4月6日，6月29日	16
哥斯达黎加外海	丰汇16号	$91°48'\sim99°30'$W、$6°36'\sim9°30'$N	2009年7$\sim$8月	668

续表

海区	鱿钓船	采样地点	采样日期	样本数/尾
赤道公海附近海域	宁泰 1、2 号	114°~120°W、3°N~5°S	2012 年 2 月、7 月	2008

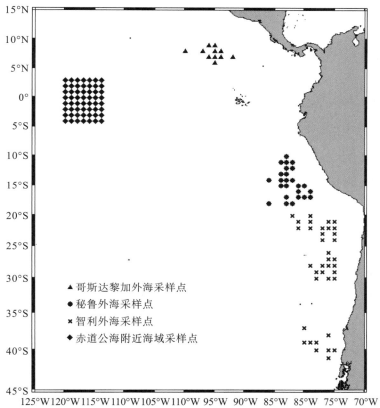

图 2-1　茎柔鱼采样点分布图

2.1.2　生物学测定

茎柔鱼样本生物学测定内容包括胴长、体重、性别、性腺成熟度、缠卵腺质量和雌性缠卵腺长等。胴长(mantle length，ML)用量鱼板测定，精确至 1mm；雌性缠卵腺长用游标卡尺测定，精确至 0.01mm；缠卵腺质量采用万分之一电子天平称量，精确至 0.001g。依据茎柔鱼性腺成熟度划分方法(Lipinski and Underhill，1995)，将其划分为Ⅰ、Ⅱ、Ⅲ、Ⅳ、Ⅴ等 5 期，同时按性未成熟(Ⅰ、Ⅱ期)、性成熟(Ⅲ、Ⅳ期)、繁殖后(雄性为交配后，雌性为产卵后)(Ⅴ期)划分为 3 个等级。

2.1.3　研究方法

(1)采用频度分析法分析茎柔鱼渔获物胴长组成，组间距为5cm。

(2)采用线性回归法，求取胴长与体重之间的关系：

$$W = bL^a \tag{2-1}$$

式中，W 为体重(g)；L 为胴长(mm)；a、b 为估算参数。

(3)将样本分雌、雄，并按不同月份和胴长组统计分析性腺成熟度，对不同胴长组(或年龄组)内性成熟个体的比例和胴长组(或年龄组)数据采用线性回归，拟合 Logistic 曲线，推算不同性别茎柔鱼的性成熟胴长：

$$p_i = \frac{1}{1 + \mathrm{e}^{-r(x_i - x_{50\%})}} \tag{2-2}$$

式中，p_i 为成熟个体占组内样本的百分比；x_i 为各胴长组；r 为截距；$x_{50\%}$ 为性成熟胴长。

(4)将113尾茎柔鱼胃中未消化的鳞片、耳石、角质颚以及肌肉组织等鉴定至大类，胃含物中含有柔鱼类的被视为存在自食现象。胃含物等级划分为0级(空胃)、1级(胃含物小于胃体积的25%)、2级(胃含物占胃体积的25%～50%)、3级(胃含物占胃体积的50%～75%)和4级(胃含物大于胃体积的75%)(Chen et al.，2007)。

2.1.4　统计检验

ANOVA 检验不同地理区域茎柔鱼的胴长组成、体重组成、缠卵腺和性腺指标的差异性。ANCOVA 检验不同性别及不同地理区域茎柔鱼的生长差异。χ^2 检验(chi-square test)雌雄比例是否等于1：1；以上所有统计检验采用 SPSS 15.0 统计软件进行分析。

运用 F 分布检验比较茎柔鱼性成熟胴长的性别和地理差异：

$$F = \frac{\dfrac{\mathrm{RSS}_p - \sum \mathrm{RSS}_i}{\mathrm{DF}_p - \sum \mathrm{DF}_i}}{\dfrac{\sum \mathrm{RSS}_i}{\sum \mathrm{DF}_i}} = \frac{\dfrac{\mathrm{RSS}_p - \sum \mathrm{RSS}_i}{(m+1)(k-1)}}{\dfrac{\sum \mathrm{RSS}_i}{\sum_{i=1}^{k} n_i - k(m+1)}} \tag{2-3}$$

式中，RSS_p 为整体拟合 Logistic 曲线所得残差平方和；RSS_i 为每个群体分别拟合 Logistic 曲线所得残差平方和；DF_p 为整体的自由度；DF_i 为每个群体的自由度；m 为估算参数数量；k 为用来比较的群体个数；n_i 为每个群体的样本数。

2.2　结　　果

2.2.1　胴长组成

统计分析认为，智利外海采集到的茎柔鱼雌性个体胴长为 225～837mm，平均胴长为 406mm，其优势胴长为 350～450mm，约占雌性总数的 67％；雄性个体胴长为 167～721mm，平均胴长为 404mm，其优势胴长为 350～450mm，约占雄性总数的 76％（表 2-2）。

秘鲁外海采集到的茎柔鱼样本中，雌性个体胴长为 209～1149mm，平均胴长为 352mm，优势胴长为 250～400mm，约占雌性总数的 75％；雄性个体胴长为 211～1033mm，平均胴长为 342mm，优势胴长为 250～400mm，约占雄性总数的 77％（表 2-2）。

哥斯达黎加外海采集到的茎柔鱼样本中，雌性个体胴长为 159～429mm，平均胴长为 307mm，优势胴长为 250～350mm，约占雌性总数的 78％；雄性个体胴长为 212～356mm，平均胴长为 314mm，优势胴长为 250～350mm，约占雄性总数的 92％（表 2-2）。

赤道公海附近海域采集到的茎柔鱼样本中，雌性个体胴长为 169～500mm，平均胴长为 306mm，优势胴长为 300～400mm，约占雌性总数的 76％；雄性个体胴长是 205～448mm，平均值胴长为 299mm，优势胴长为 250～350mm，约占雄性总数的 84％（表 2-2）。

表 2-2　不同海域茎柔鱼的胴长组成

作业海域	性别	胴长/mm			比例/%
		范围	均值	优势值	
智利外海	雌	225～837	406	350～450	67.3
	雄	167～721	404		76.3
秘鲁外海	雌	209～1149	352	250～400	75.0
	雄	211～1033	342		77.3
哥斯达黎加外海	雌	159～429	307	250～350	77.9
	雄	212～356	314		91.5
赤道公海附近海域	雌	169～500	306	300～400	75.8
	雄	205～448	299	250～350	83.7

2.2.2 胴长与体重的关系

ANCOVA 分析显示，各海区雌、雄茎柔鱼个体的胴长与体重关系差异显著（$P<0.05$），其关系方程如下：

智利外海[图 2-2(a)]：

　　雌性个体：$BW=0.000009×ML^{3.2002}$（$r^2=0.944$，$n=1233$）

　　雄性个体：$BW=0.00006×ML^{2.875}$（$r^2=0.897$，$n=430$）

秘鲁外海[图 2-2(b)]：

　　雌性个体：$BW=0.00001×ML^{3.1576}$（$r^2=0.959$，$n=1742$）

　　雄性个体：$BW=0.00001×ML^{3.1007}$（$r^2=0.961$，$n=441$）

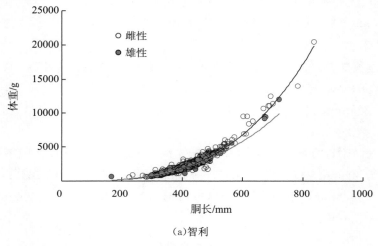

（a）智利

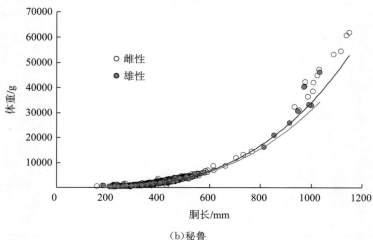

（b）秘鲁

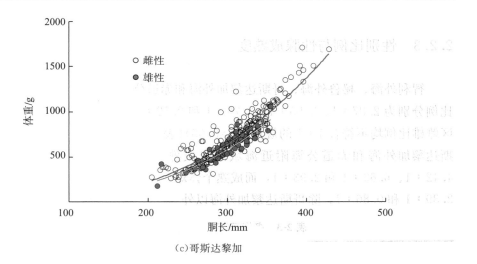

（c）哥斯达黎加

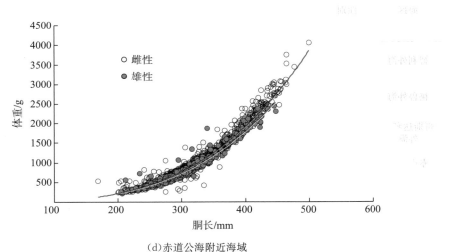

（d）赤道公海附近海域

图 2-2 　茎柔鱼胴长与体重的关系

哥斯达黎加外海［图 2-2（c）］：

　　雌性个体：$BW=0.0002\times ML^{2.6292}$（$r^2=0.810$，$n=222$）

　　雄性个体：$BW=0.0002\times ML^{2.6294}$（$r^2=0.787$，$n=59$）

赤道公海附近海域［图 2-2（d）］：

　　雌性个体：$BW=0.00005\times ML^{3.178}$（$r^2=0.949$，$n=1407$）

　　雄性个体：$BW=0.00005\times ML^{3.118}$（$r^2=0.940$，$n=559$）

2.2.3 性别比例与性腺成熟度

智利外海、秘鲁外海、哥斯达黎加外海和赤道公海附近海域茎柔鱼雌雄性别比例分别为 2.87：1、3.95：1、3.76：1 和 2.52：1。x^2 拟合优度检验显示各海区雌雄比例均不符合 1：1 的规律（$P>0.05$）（表 2-3）。智利外海、秘鲁外海、哥斯达黎加外海和赤道公海附近海域的未成熟个体雌雄比例分别为 3.08：1、4.42：1、6.69：1 和 2.93：1，而成熟个体雌雄比例分别为 0.63：1、1.74：1、2.39：1 和 0.86：1，除哥斯达黎加外海以外基本接近 1：1（$P<0.05$）（表 2-3）。

表 2-3   各海区茎柔鱼性腺成熟度组成

海区	性别	样本数					
		总体	未成熟		成熟		繁殖后
			Ⅰ	Ⅱ	Ⅲ	Ⅳ	Ⅴ
智利外海	雌性	1233	795	414	23	0	1
	雄性	430	343	49	33	5	0
秘鲁外海	雌性	1742	979	595	107	55	6
	雄性	441	276	69	22	73	1
哥斯达黎加外海	雌性	222	8	64	89	59	2
	雄性	59	0	2	9	48	0
赤道公海附近海域	雌性	1407	283	1028	84	12	0
	雄性	559	260	187	70	40	2

智利外海雌性茎柔鱼Ⅰ、Ⅱ、Ⅲ、Ⅳ、Ⅴ期个体比例分别为 64.5%、33.6%、1.8%、0.0% 和 0.1%，雄性分别为 79.8%、11.4%、7.7%、1.1% 和 0.0%；秘鲁外海雌性茎柔鱼Ⅰ、Ⅱ、Ⅲ、Ⅳ、Ⅴ期个体比例分别为 56.2%、34.2%、6.1%、3.2% 和 0.3%，雄性分别为 62.6%、15.7%、5.0%、16.5% 和 0.2%；哥斯达黎加外海雌性茎柔鱼Ⅰ、Ⅱ、Ⅲ、Ⅳ、Ⅴ期个体比例分别为 3.6%、28.8%、40.1%、26.6% 和 0.9%，雄性分别为 0.0%、3.4%、15.2%、81.4% 和 0.0%；赤道公海附近海域雌性茎柔鱼Ⅰ、Ⅱ、Ⅲ、Ⅳ、Ⅴ期个体比例分别为 20.1%、73.1%、6.0%、0.8% 和 0.0%，雄性分别为 46.5%、33.5%、12.5%、7.1% 和 0.4%。除哥斯达黎加外海以外，智利外海、秘鲁外海和赤道公海附近海域都以未成熟个体为主：哥斯达黎加外海雌性、雄性成熟个体比例分别为 67.6% 和 96.7%；智利外海、秘鲁外海和赤道公海附近海域雌性成熟个体比例分别为 1.9%、9.5% 和 6.9%，雄性成熟个体分别为 8.8%、21.8% 和 20.1%（图 2-3）。

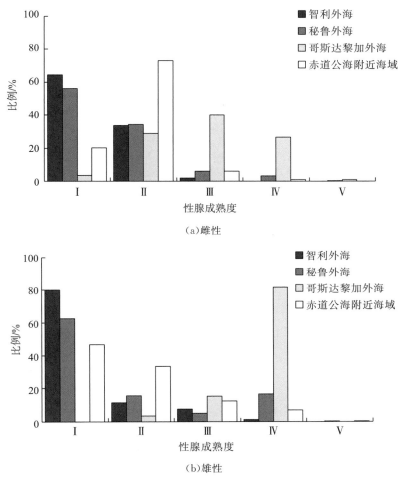

（a）雌性

（b）雄性

图 2-3 茎柔鱼性成熟组成分布图

2.2.4 初次性成熟

利用 Logistic 曲线分别拟合哥斯达黎加外海、秘鲁外海和智利外海雌雄性成熟个体比率与胴长关系，结果显示，除哥斯达黎加外海雄性茎柔鱼和赤道公海附近海域雄性茎柔鱼缺少未成熟个体以外，秘鲁外海和智利外海雌雄均适合 Logistic 曲线，其方程式如下：

智利外海［图 2-4(a)］：

雌性个体：$p_i = \dfrac{1}{1+\mathrm{e}^{-(-13.74352+0.021263\times \mathrm{ML}_i)}}$（$R^2 = 0.965$，$n = 1233$）

雄性个体：$p_i = \dfrac{1}{1+\mathrm{e}^{-(-32.26462+0.066\times \mathrm{ML}_i)}}$（$R^2 = 0.989$，$n = 430$）

秘鲁外海[图 2-4(b)]：

$$\text{雌性个体：} p_i = \frac{1}{1+e^{-(-10.65118+0.019392\times \text{ML}_i)}} (R^2=0.991, \ n=1742)$$

$$\text{雄性个体：} p_i = \frac{1}{1+e^{-(-4.94714+0.009413\times \text{ML}_i)}} (R^2=0.870, \ n=441)$$

哥斯达黎加外海[图 2-4(c)]：

$$\text{雌性个体：} p_i = \frac{1}{1+e^{-(-7.423546+0.024993\times \text{ML}_i)}} (R^2=0.964, \ n=222)$$

赤道公海附近海域[图 2-4(d)]：

$$\text{雌性个体：} p_i = \frac{1}{1+e^{-(-8.085649+0.016471\times \text{ML}_i)}} (R^2=0.821, \ n=1407)$$

$$\text{雄性个体：} p_i = \frac{1}{1+e^{-(-22.22253+0.054362\times \text{ML}_i)}} (R^2=0.959, \ n=559)$$

　　Logistic 曲线拟合显示，智利外海雌性茎柔鱼性成熟胴长为 646mm，雄性为 550mm；秘鲁外海雌性茎柔鱼性成熟胴长为 539mm，雄性为 507mm；哥斯达黎加外海雌性茎柔鱼性成熟胴长为 297mm，尽管雄性茎柔鱼胴长不适合用 Logistic 曲线拟合，但是仍可推断其性成熟胴长至少<250mm；赤道公海附近海域雌性茎柔鱼性成熟胴长为 491mm，雄性为 372mm(图 2-4)。

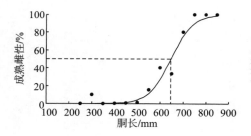
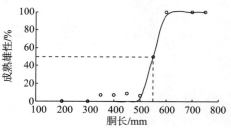

(a)智利外海

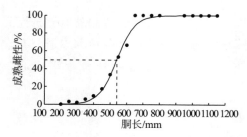
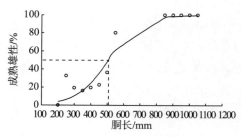

(b)秘鲁外海

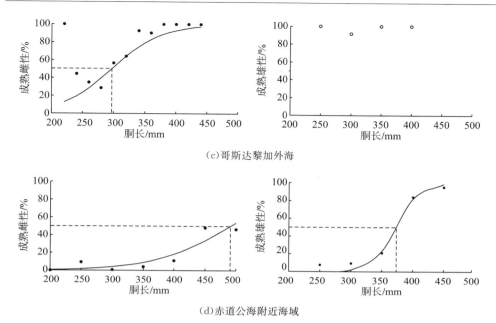

（c）哥斯达黎加外海

（d）赤道公海附近海域

图 2-4 智利外海、秘鲁外海、哥斯达黎加外海和赤道公海附近海域茎柔鱼性成熟胴长

对适合用 Logistic 曲线拟合的秘鲁外海、智利外海和赤道公海附近海域茎柔鱼运用 F 分布检验显示（表 2-4）：三海区茎柔鱼性成熟胴长数据拟合 Logistic 曲线性别差异明显，雌性茎柔鱼性成熟胴长均明显大于雄性（秘鲁外海 $F_{3,27}=3.94$，$P=0.0188<0.05$；智利外海 $F_{3,19}=17.5$，$P=0.0000<0.05$；赤道公海附近海域 $F_{3,8}=37.9$，$P=0.0000<0.05$）。而雌、雄茎柔鱼性成熟胴长数据拟合 Logistic 曲线地理差异也明显，智利外海茎柔鱼性成熟胴长最大，秘鲁外海次之，赤道公海附近最小（雌性 $F_{6,32}=28.2$，$P=0.0000<0.05$；雄性 $F_{6,22}=32.8$，$P=0.0000<0.05$）。

表 2-4 雌雄茎柔鱼性成熟胴长数据拟 Logistic 曲线 F 分布检验

	均值		标准误		R^2	残差平方和	残差平方和均值
	r	X_{50}	r	X_{50}			
比较智利外海雌雄差异 $F_{3,19}=17.5$，$P=0.0000$							
雌性	0.02126	646	0.00396	9.93	0.965	769	70
雄性	0.06577	550	0.02006	2.95	0.992	195	24
总体	0.01837	594	0.00456	15.4	0.927	2740	131
比较秘鲁外海雌雄差异 $F_{3,27}=3.94$，$P=0.0188$							
雌性	0.01856	539	0.00156	5.15	0.992	262	16
雄性	0.01042	507	0.00293	25.9	0.995	1490	135
总体	0.01568	523	0.00217	9.3	0.963	2263	78
比较赤道公海附近海域雌雄差异 $F_{3,8}=37.9$，$P=0.0000$							
雌性	0.01647	491	0.00498	17.7	0.821	400	80

续表

	均值		标准误		R^2	残差平方和	残差平方和均值
	r	X_{50}	r	X_{50}			
雄性	0.05436	372	0.01108	5.22	0.959	130	43
总体	0.01645	426	0.00727	25.5	0.841	5552	555
比较智利外海、秘鲁外海与赤道公海附近海域雌性差异 $F_{6,32}=28.2$，$P=0.0000$							
智利外海	0.02126	646	0.00396	9.93	0.965	769	70
秘鲁外海	0.01856	539	0.00156	5.15	0.992	262	16
赤道公海附近海域	0.01647	491	0.00498	17.7	0.821	400	80
总体	0.01362	579	0.00213	13.6	0.890	6586	183
比较智利外海、秘鲁外海与赤道公海附近海域雄性差异 $F_{6,22}=32.8$，$P=0.0000$							
智利外海	0.06577	550	0.02006	2.95	0.992	195	24
秘鲁外海	0.01042	507	0.00293	25.9	0.995	1490	135
赤道公海附近海域	0.05436	372	0.01108	5.22	0.959	130	43
总体	0.01055	495	0.00306	27.3	0.606	12503	481

2.2.5 摄食等级

　　智利外海、秘鲁外海、哥斯达黎加外海和赤道公海附近海域茎柔鱼胃含物主要有鱼类、柔鱼类和甲壳类。经鉴定有灯笼鱼类、鲐鲹类、茎柔鱼和其他头足类。分析发现，40%～60%的样本存在自食现象，智利外海、秘鲁外海、哥斯达黎加外海和赤道公海附近海域茎柔鱼胃中头足类比例分别占总体的34.4%、32.7%、26.3%和27.1%。智利外海、秘鲁外海、哥斯达黎加外海和赤道公海附近海域摄食等级以0～2级为主，3～4级的比例极少(图2-5)。哥斯达黎加外海和赤道公海附近海域，摄食等级以0～1级的空胃为主，而智利外海和秘鲁外海以摄食等级较高的1～2级为主(图2-5)。

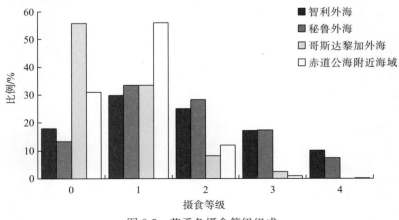

图 2-5　茎柔鱼摄食等级组成

2.3　分析与讨论

2.3.1　种群结构

茎柔鱼广泛分布于南北半球东太平洋海域，其种群结构复杂，通常根据胴长大小可分为大、中、小三个群体(Nigmatullin et al.，2001)：小型群雌、雄胴长分别为 140~340mm 和 130~260mm；中型群雌、雄胴长分别为 280~600mm 和 240~420mm；大型群的雌、雄胴长分别为大于 600mm 和大于 420mm。在智利中南部外海，冬季(7~9 月)以成熟中型群为主，春季(10~12 月)以成熟中型和大型群为主，少部分未成熟和成熟的中型群出现在夏季(1~2 月)(王尧耕和陈新军，2005)。本研究在智利外海采集的雌性个体胴长为 225~837mm，雄性个体为167~721mm，覆盖了中型群和大型群的胴长范围。Ibanez 和 Cubillos(2007)认为智利外海茎柔鱼这种种群结构的时空分布与茎柔鱼自身洄游密切相关。在秘鲁海域，Argüelles 等(2001)认为存在一个胴长小于 490mm 的小型群和一个胴长大于520mm 的大型群；叶旭昌和陈新军(2007)认为存在小(雌性胴长 261±21.5mm，雄性胴长 289 ± 32.2mm)、中(雌性胴长 406 ± 57.9mm，雄性胴长 381 ± 40.0mm)、大(雌性胴长 634±64.1mm、雄性胴长 496±110.6mm)三个群体。本书对应研究采集的秘鲁外海样本雌、雄胴长分别为 209~1149mm 和 211~1033mm，覆盖了大、中、小三个群体。采集的哥斯达黎加外海和赤道公海附近海域样本以小型群和中型群为主。

2.3.2　胴长与体重关系

研究发现，秘鲁外海、智利外海和赤道公海附近海域茎柔鱼体重与胴长之间的关系式中，其生长参数 b 接近 3.0，这与同为柔鱼科的西北太平洋的柔鱼 Ommastrephes bartramii 相当(Jackson and Domeier，2003)。而哥斯达黎加外海茎柔鱼的生长参数 b 为 2.63，明显比智利外海、秘鲁外海和赤道公海附近海域低，但其值与印度洋西北海域鸢乌贼 Sthenotheuthis oualaniensis 相当(Jackson and Domeier，2003)，同样属于个体细长和偏瘦的种类。生长参数 b 的差异可能与栖息水温关系密切(Forsythe，2004；Tian et al.，2006)。例如，栖息在同一纬度($5°~15°N$)的种类，哥斯达黎加外海的茎柔鱼和印度洋西北海域的鸢乌贼，栖息环境的水温常年较高，中心渔场的海表层温度为 27~29℃(Liu et al.，

2010），使得其生长消耗快，个体瘦小；相反栖息在中高纬度的大洋性柔鱼类，因栖息水温相对较低，个体肥硕。如秘鲁外海茎柔鱼中心渔场表温为18～23℃（胡振明等，2009b）；智利外海茎柔鱼为14～20℃（刘必林等，2008）。然而，高水温的赤道公海附近海域茎柔鱼的生长参数b达到了3.1，可能与其他因素有关，例如食物丰度、茎柔鱼自身的洄游等。

2.3.3　性别比例与性腺成熟度

以往研究显示，特定的时间和空间内茎柔鱼的雌性数量通常多于雄性，但是雌性与雄性的性别比例时空波动显著，从1∶1至24∶1（表2-5）。智利外海、秘鲁外海、哥斯达黎加外海和赤道公海附近海域雌性个体数量也明显高于雄性（P＞0.05），雌雄性别比例分别为2.89∶1、3.95∶1、3.76∶1和2.52∶1。其中秘鲁外海的研究结果大于秘鲁近海的（2.0～8.0）∶1（Tafur et al.，2001），智利外海的研究结果与其他年份的相似（Liu et al.，2010）。在哥斯达黎加外海，雌性成熟个体的比例明显高于雄性（P＞0.05），说明该海域雄性个体先于雌性个体成熟并发生交配，而交配后的雄性个体先行死亡，进而导致了较高的雌雄比例，Tafur等（2001）在秘鲁近海同样发现了这种现象。

表 2-5　太平洋茎柔鱼雌雄比例及性成熟胴长

采样时间	采样地点	性成熟胴长/mm	雌雄比例	信息来源
1986年	秘鲁寒流	♀＞400 ♂＜250	2∶1	Nesis，1970
1971年	加利福尼亚湾	♀200	(1.5～5.2)∶1	Sato，1976
	下加利福尼亚半岛太平洋海域	200～480		
1980年	加利福尼亚湾和下加利福尼亚半岛太平洋海域	♀300～400 ♂180～250		Ehrhardt et al.，1982，1983
1981年5～9月	加利福尼亚湾	♀300	(1.5～3)∶1	Ramírez 和 Klett-Traulsen，1985
1981年6月		♀200～400	1.82∶1	
1989年11、12月	秘鲁专属经济区外海	♀150～470 ♂170～450	7.34∶1	Rubio 和 Salazar，1992
1989年、1990年	加利福尼亚湾	500～700	(1～24)∶1	Morán-Angulo，1990
1990年3月	加利福尼亚湾	♀600～800 ♂550～730	7.62∶1	Sánchez，1996，2003
1990年3月	加利福尼亚湾	♀600～800 ♂550～730	7.62∶1	Sánchez，1996，2003

续表

采样时间	采样地点	性成熟胴长/mm	雌雄比例	信息来源
1991 年	加利福尼亚湾	300~750	2.6∶1	Guerrero-Escobedo et al., 1992
1996 年 5、6 月	加利福尼亚湾	♀420	(3.3~14.3)∶1	Hernández Herrera et al., 1996
		♂510		
1991~1995 年	秘鲁近海	—	(2.0~8.0)∶1	Tafur et al., 2001
1993 年冬季	智利外海中部	—	9∶1	Chong et al., 2005
1993 年春季			3∶1	
1993 年冬季	智利外海中部	♀890	12.4∶1	González 和 Chong, 2006
1993 年春季		♀470 ♂471	2.5∶1	
1995~1996 年	加利福尼亚湾	♀420~760	(1.1~4.9)∶1	Markaida 和 Sosa-Nishizaki, 2001
1996 年	加利福尼亚湾	♂600~680		
1996~1997 年	加利福尼亚湾			
1999 年 5 月	加利福尼亚湾	♀310~458	2.3∶1	Markaida, 2006
2001 年	秘鲁专属经济区外海	♀327 ♂228	2.52∶1	叶旭昌和陈新军, 2007
2001~2002 年	加利福尼亚湾	♀740	4∶1	Díaz-Uribe et al., 2006
2001~2002 年	加利福尼亚湾	♂720	(1∶3~9)∶1	Martínez-Aguilar et al., 2004
2003~2004 年夏季	智利外海中南部	♀>710	最小 1.3∶1	Ibáñez 和 Cubillos, 2003
2003 年冬季		♂>660	最大 4.5∶1	2007
2003 年	加利福尼亚湾	♀570~770	1.45∶1	Martínez-Aguilar et al., 2004
2004 年		♂590~690	1.72∶1	
2005 年冬季	智利外海中南部	♀763 ♂796	1.25∶1	Ulloa et al., 2006
2007~2009 年 1~6 月	智利专属经济区外海	♀638 ♂565	2.65∶1	刘必林等, 2010a

　　在哥斯达黎加外海，样本以成熟个体为主，雌性占 96.7%，雄性占 66.7%，说明该海域可能为茎柔鱼的产卵场。对于长距离洄游的柔鱼类而言，通常雄性个体先于雌性性成熟，并且在到达产卵场交配完以后先行死亡，因此产卵场的成熟雌性明显高于雄性，例如西南大西洋阿根廷滑柔鱼（刘必林等，2008）和印度洋西北海区鸢乌贼（杨德康，2002）。在智利外海、秘鲁外海和赤道公海附近海域，样本以未成熟个体为主，成熟个体所占比例很低，说明该海域不是茎柔鱼的主要产卵场，或者无明显的产卵高峰期。而以往的学者们根据耳石日龄和捕捞日期逆算得出茎柔鱼有明显的产卵高峰期（Chen et al.，2011），因此可推断智利外海、秘鲁外海和赤道公海附近海域不是茎柔鱼的主要产卵场。

2.3.4 性成熟胴长

茎柔鱼的性成熟胴长随其栖息的物理和生物环境变化而变化，并与遗传因素
有关(表 2-5)。Nesis(1970)认为，在其分布范围内存在 3 种不同性成熟胴长的体
型群体：小型群位于热带海域，中型群在整个分布范围内都有，而大型群则分布
在南北半球茎柔鱼分布的边缘处。在南半球秘鲁海域，20 世纪 90 年代以性成熟
早的小型群为主，而 21 世纪初则以性成熟晚的大型群为主(Argüelles et al.，
2008)。在北半球，茎柔鱼性成熟胴长通常较大，而只有在 1997~1998 年厄尔尼
诺事件发生时，性成熟胴长才减小至秘鲁海域 20 世纪 90 年代水平(Markaida，
2006；Bazzino et al.，2010)。然而，有报道称墨西哥海域 20 世纪七八十年代也
出现性成熟早的小型群(表 3-12)。Keyl 等(2008)根据性成熟大小将秘鲁寒流海
域茎柔鱼划分为大小 2 个群，而加利福尼亚湾茎柔鱼则被划分为 1 个大型雌性群
和 2 个中型雄性群(Markaida and Sosa，2001)。本书研究结果显示，4 个海区茎
柔鱼性成熟胴长差异明显：智利外海分别为 646mm 和 550mm，当属大型群；秘
鲁外海分别为 539mm 和 507mm，当属中型群；哥斯达黎加外海雌雄茎柔鱼性成
熟胴长分别为 297mm 和<250mm，当属小型群；赤道公海附近海域雌雄茎柔鱼性
成熟胴长分别为 491mm 和<372mm，当属中型群。因此，结合哥斯达黎加、秘鲁
和智利的地理位置，推测小型群、中型群和大型群的分布符合 Nesis 提出的不同体
型群的分布特点。将雌、雄个体对比发现，雌性茎柔鱼性成熟胴长明显高于雄性，
这符合头足类雌性生长快的特性。例如，北太平洋柔鱼 *Ommastrephes bartramii* 雌、
雄个体的性成熟胴长分别为 332mm 和 299mm(李思亮等，2011)，西南大西洋阿根
廷滑柔鱼雌、雄个体性成熟胴长分别为 265mm 和 209mm(刘必林等，2008)。

2.3.5 摄食特性

茎柔鱼摄食凶残，通常捕食中上层鱼类和头足类。本研究在智利外海、秘鲁
外海、哥斯达黎加外海以及赤道公海附近海域采集的茎柔鱼的胃中发现大量被捕
食的茎柔鱼和其他头足类，这在加利福尼亚海湾(Markaida，2006)以及智利和秘
鲁沿岸水域(Blasković et al.，2007；Ibáñez et al.，2008)茎柔鱼的胃中也有发
现，这证明茎柔鱼自食现象明显。这种在头足类中常见的同类自食现象可能与其
凶残的摄食特性、高新陈代谢需求和高资源量有关(Ibáñez and Keyl，2010)。研
究海域的茎柔鱼自食率(26.3%~34.4%)明显高于其他头足类(Ibáñez and Keyl，
2010)。研究显示，茎柔鱼自食率的时间与空间变化与其自身的个体大小以及捕

捞渔具的种类密切相关(Ibáñez et al.，2008)。哥斯达黎加外海和赤道公海附近海域茎柔鱼的自食率小于智利和秘鲁外海的茎柔鱼，可能是因为前者的个体大小要小于后者。与前人研究结果对比发现，本书研究的茎柔鱼自食率与同为鱿钓法的自食率相当，却高于拖网和围网的自食率(Ibáñez et al.，2008)。Ibáñez 等 (2008)认为，自食现象并非完全是头足类与生俱来的摄食特性，而是由渔业活动压力所造成的。鱿钓渔业是一种通过灯光把头足类吸引到一小块水域的捕捞方式，这种作业方式必然增加了头足类自我捕食的概率。因此，鱿钓作业捕捞的茎柔鱼样本的自食率肯定高于自然状态下的自食率。与此同时，研究还发现哥斯达黎加外海和赤道公海附近海域茎柔鱼的空胃率明显高于智利外海和秘鲁外海，这可能因为哥斯达黎加外海和赤道公海附近海域水温高，茎柔鱼的新陈代谢快。头足类性成熟以后往往摄食量减少或者停止摄食，哥斯达黎加外海成熟个体比例很高，雌性达到 96.7%，雄性达到 66.7%，其空胃率超过 50%，高于成熟个体比例较小的赤道公海附近海域的 30%。

第3章 不同海域茎柔鱼种群
形态差异比较

　　茎柔鱼(*Dosidicus gigas*)是大洋性浅海种，广泛分布于整个东太平洋海域，南北分布跨度大，群体结构复杂。种群结构是渔业生物学的重要内容，也是渔业资源评估及其合理利用的基础。Nigmatullin 等(2001)和 Nesis(1983)根据渔获物胴长分布，Sandoval 等(2007)根据茎柔鱼遗传基因，Yokawa(1993)根据茎柔鱼洄游习性，分别对东南太平洋茎柔鱼种群结构进行了研究。综合前人的研究成果，目前对东南太平洋茎柔鱼种群结构及差异尚存在争议。

　　耳石是头足类生态信息的良好载体，通过对其微结构和微化学的研究，可推测头足类分布、洄游、耳石形态，并鉴定其种群结构和重建生活史。Argüelles 等(2001)、Markaida 和 Sosa(2004)分别对秘鲁海域、加利福尼亚海域的茎柔鱼耳石结构进行了相关研究。Clarke 等(1988)认为，同一种类不同种群之间的耳石形态特征也不同。Brito-Castillo 等(2000)、Anderson 和 Rodhouse(2001)研究认为海洋生产力、海水温度、饵料丰度及洋流等海洋物理、生物、环境因素对茎柔鱼的群体形态发育产生一定影响。茎柔鱼大型个体在发育过程中较小型个体其外部形态特征更易随着环境变化出现差异性生长，从而导致不同海区大型群体间外部形态特征差异性显著，大型个体的耳石形态特征也存在显著性差异。因此，本章通过比较茎柔鱼胴体外部形态特征，以及茎柔鱼耳石外部形态特征和生长模式差异，对其种群结构进行研究与划分，为掌握东太平洋茎柔鱼种群结构以及该资源合理利用提供基础。

3.1　材料和方法

3.1.1　数据来源

　　茎柔鱼样本来源于我国东太平洋茎柔鱼鱿钓船，采样点分布如图 3-1 所示。智利外海的采集海域为 $10°30'\sim13°30'S$、$82°00'\sim85°30'W$，时间为 2008 年 5 月~2009 年 2 月；秘鲁外海的采集海域为 $10°30'\sim11°30'S$、$82°00'\sim84°30'W$，时间为 2008 年 9 月～2009 年 10 月；哥斯达黎加外海茎柔鱼样本的采集海域为 7°30′～9°00′N、91°30′～95°00′W，时间为 2009 年 8 月。在每个站点随机采集不同大小样本，共取得完整样本 844 尾，冷冻后带回实验室进行测量。通过实验解剖，共获得 593 尾完整生物学样本(表 3-1)。

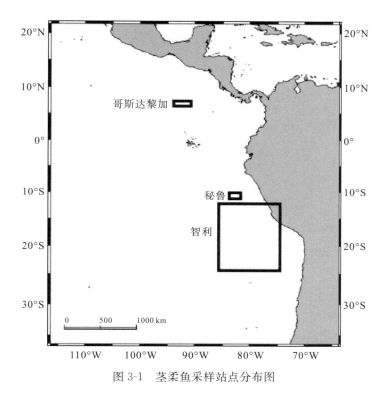

图 3-1　茎柔鱼采样站点分布图

表 3-1　茎柔鱼样本数据

海区	编号	时间	样本数/尾
	Ch0805	2008 年 05 月	235
	Ch0809	2008 年 09 月	59
智利外海/Chile(CH)	Ch0811	2008 年 11 月	30
	Ch0812	2008 年 12 月	40
	Ch0901	2009 年 01 月	20
	Ch0902	2009 年 02 月	48
秘鲁外海/Peru(PE)	Pe0909	2009 年 09 月	81
	Pe0910	2009 年 10 月	80
哥斯达黎加外海/Costa Rica(CR)	CR0908	2009 年 08 月	142

3.1.2　分析方法

3.1.2.1　外部形态测量和数据处理

样本在实验室自然解冻后，对样本性别进行鉴定，然后对茎柔鱼外部各形态参数进行测量（图 3-2），具体为：胴长（mantle length，ML）、胴宽（mantle width，MW）、鳍长（fin length，FL）、鳍宽（fin width，FW）、头宽（head width，HW）、触腕长（arm length，AL）、触腕穗长（tentacular club length，TCL）、右 1 腕长（the first arm length of right，ALR_1）、右 2 腕长（ALR_2）、右 3 腕长（ALR_3）、右 4 腕长（ALR_4）、左腕长（ALL_4）等 12 个形态参数，均采用皮尺测量，其数据精确至 0.1mm。

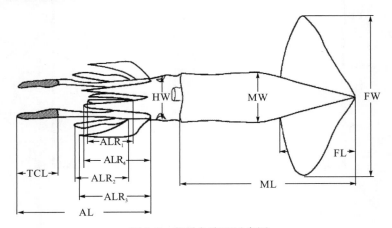

图 3-2　茎柔鱼腹面示意图

依据胴长频数分布对不同时空范围样本的混合正态分布进行划分，获得胴长相互独立的群体（李思亮等，2010）。为校正样本规格差异对形态参数产生影响，将 11 个形态参数分别除以胴长，获得对应的形态比例指标。采用比例指标作为茎柔鱼形态特征的依据，对不同群体进行种群划分，最后分析不同种群间形态差异特征。

采用极大似然估计法对茎柔鱼不同胴长组成的混合正态分布模型参数进行估计，其中极大似然估计通过求解对数似然函数的极大值点来获得。混合分布中分布个数 K 通过比较不同 K 值下的赤池信息量准则（Akaike information criterion，AIC）的值来确定，选择使 AIC 值达到最小的 K 值作为混合分布分布个数的估计。

采用 Kolmogorov-Smirnov(K-S)统计量对混合分布分离结果进行有效性检验，其中 K-S 值较小，显著性水平 P 大于 0.05 则认为拟合效果良好。

采用逐步判别分析，通过种群判别概率的计算对聚类效果进行评价。其中根据 Wilks 统计量对不同种群均值向量相等假设进行检验，出现显著性差异则认为判别效果良好，判别分析有意义。

采用逐步判别分析筛选出的主要变量作为种群分化的重要指标，同时采用方差分析、差异系数检验等方法对该指标进行分析，以比较不同种群形态差异特征。

3.1.2.2　硬组织耳石形态测量和数据处理

在茎柔鱼样本中，一共筛选出完整耳石样本 387 对，其中智利外海的耳石样本共 97 对，哥斯达黎加外海的耳石样本共 127 对，秘鲁外海的耳石样本共 153 对。首先，将耳石最大长度沿垂直方向进行校准，然后通过边框工具将耳石整体置于边框中，获得 4 个相切点（图 3-3）。然后，测定耳石总长（total statolith length，TSL）、背区长（dorsal length，DL）、侧区长（lateral dome length，LDL）、吻区外长（rostrum outside length，ROL）、吻区内长（rostrum inside length，RIL）、吻区基线长（rostrum baseline length，RBL）、翼区长（wing length，WL）、背侧区间长（ventral dorsal dome length，DDL）、吻侧区间长（rostrum lateral dome length，RDL）、最大宽度（maximum statolith width，MSW）、背侧区夹角（ventral dorsal dome angle，DDA）、吻侧区夹角（rostrum lateral dome angle，RDA）、吻区夹角（rostrum angle，RA）等 13 项形态参数（图 3-3），长度参数精确至 0.1μm。测量由 2 人独立进行，若两者测量的误差超过 5%，则重新测量，否则取它们的平均值。

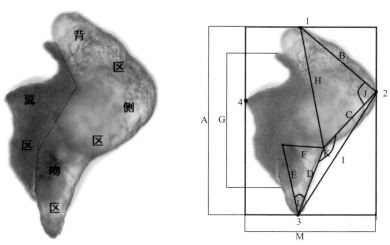

图 3-3　茎柔鱼耳石各区分布及形态参数示意图

1 号点为垂向最高点，2 号点为背侧区分界点，3 号点为垂向最低点，4 号点为翼区最外侧点
A. 耳石总长；B. 背区长；C. 侧区长；D. 吻区外长；E. 吻区内长；F. 吻区基线长；G. 翼区长；
H. 背侧区间长；I. 吻侧区间长；J. 背侧区夹角；K. 吻侧区夹角；L. 吻区夹角；M. 最大宽度

由于耳石形态包括长度和角度等不同量纲数据，因此需要对其数据进行标准化处理。

$$X_{ij} = \frac{x_{ij} - \overline{x_j}}{S_j} \qquad (3\text{-}1)$$

式中，X_{ij} 为经过标准化的耳石形态值，x_{ij} 为原始的耳石形态值，$\overline{x_j}$ 为样本平均值，S_j 为样本标准差。通过标准化处理，每列数据的平均值为 0，方差为 1。

采用典型相关分析理论，分析耳石形态参数整体及各部分间相关关系，探究耳石各部分生长关系及形态变化模式。

采用 DPS 软件拟合相关变量线性模型，运用预测区间及标准残差选择最佳拟合模型。通过模型的导函数分析耳石生长速度变化模式。

采用完全随机方差分析理论、多重比较方法（LSD 法）分析不同生长阶段主要形态参数间显著性变化及差异性对比，同时检验线性模型拟合效果。

3.2　结　　果

3.2.1　群体划分

智利外海主要包括两个时间段样本（图 3-4），2008 年 5 月份采集样本基本为一个群体，平均胴长大于 390mm，属于大型个体［图 3-4（a）］。进入 9 月份，调查海域出现一个小型群体，样本包含 2 个群体，其中小型群体所占比例均高于大型个体（表 3-2）。此后优势胴长组的胴长不断增大，11 月份仍为两个群体，到 12 月份群体发展为一个群体。到 2009 年 2 月，调查海域再次出现小型群体。根据 K-S 检验（表 3-2）可知，P 均大于 0.05，且全部大于 0.9，种群正态分布拟合效果良好。

分析表明，秘鲁海域 2009 年 9 月有两个群体（图 3-5），以大型群体为主，比例为 93.53%，平均胴长为 380mm。小型个体胴长明显小于大型个体，平均值仅为 180mm。进入 10 月份，渔获物优势群体变为小型群体（图 3-5），所占比例上升到 88.57%，平均胴长较上月份显著增大，为 300mm。大型个体平均胴长为 460mm。根据 K-S 检验可知（表 3-2），P 均大于 0.05，且全部大于 0.8，种群正态分布拟合效果良好。

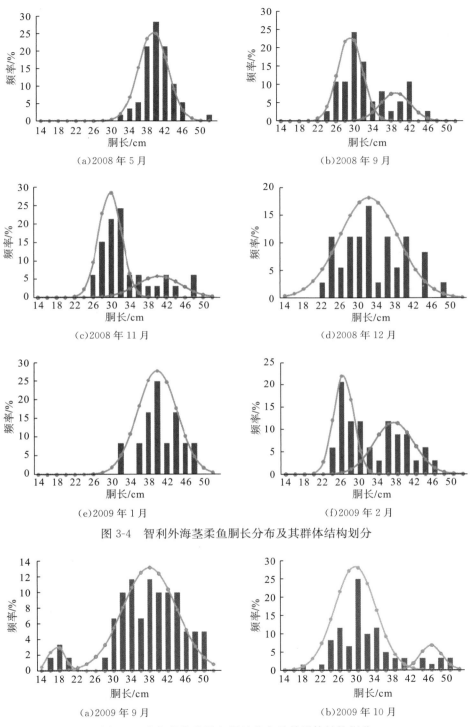

(a)2008 年 5 月

(b)2008 年 9 月

(c)2008 年 11 月

(d)2008 年 12 月

(e)2009 年 1 月

(f)2009 年 2 月

图 3-4 智利外海茎柔鱼胴长分布及其群体结构划分

(a)2009 年 9 月

(b)2009 年 10 月

图 3-5 秘鲁外海茎柔鱼胴长分布及其群体结构划分

表 3-2   东太平洋茎柔鱼群体结构分析

样本编号	K	群体编号	胴长均值 /cm	标准差 S. D. /cm	LL	AIC	P (K-S)	η_w/%
Ch0805	1	Ch0805L	39.32	3.27	−145.82	295.65	0.91(0.07)	100.00
Ch0809	1	Ch0809S	29.05	2.69	−109.14	228.28	1(0.04)	71.24
	2	Ch0809L	38.94	3.27				28.76
Ch0811	1	Ch0811S	29.69	2.50	−97.50	205.00	0.99(0.05)	72.45
	2	Ch0811L	40.32	4.74				27.55
Ch0812	1	Ch0812S	31.95	6.32	−117.48	238.96	0.98(0.07)	100.00
Ch0901	1	Ch0901L	39.92	4.29	−34.51	73.03	1(0.08)	100.00
Ch0902	1	Ch0902S	26.37	2.13	−105.15	220.31	1(0.05)	48.98
	2	Ch0902L	37.16	4.27				51.02
Pe0909	1	Pe0909S	17.31	1.70	−201.23	412.47	0.88(0.07)	6.47
	2	Pe0909L	37.90	5.95				93.53
Pe0910	1	Pe0910S	29.32	4.47	−190.94	391.89	0.99(0.05)	88.57
	2	Pe0910L	45.80	2.39				11.43

注：K 为胴长混合分布中群体个数；LL 为对数似然函数值；η_w 为 weight；样本编号见表 3-1。

3.2.2   群体结构差异性分析

分别对 2 个海区大型群体与小型群体外部形态指标进行差异性分析可知（表 3-3），智利外海（卡方值 74.904，$P=0.0001$）、秘鲁外海（卡方值 20.650，$P=0.037$）茎柔鱼大、小群体间均呈现显著性差异。通过对各个形态指标进行均数差异性检验可知（表 3-3），智利外海中 2 个群体差异性指标较多，秘鲁外海仅 FL/ML 一个参数出现显著性差异。

表 3-3   2 个海域茎柔鱼群体间差异性检验

参数	均数差异性检验 P 值		
	智利外海	秘鲁外海	2 海区差异
MW/ML	0.17	0.23	0.33
FL/ML	0.00	0.02	0.00
FW/ML	0.01	0.09	0.01
HW/ML	0.31	0.39	0.00
TL/ML	0.05	0.11	0.09

续表

参数	均数差异性检验 P 值		
	智利外海	秘鲁外海	2 海区差异
TCL/ML	0.00	0.38	0.00
TLR1/ML	0.76	0.83	0.85
TLR2/ML	0.00	0.19	0.00
TLR3/ML	0.00	0.29	0.00
TLR4/ML	0.79	0.79	0.69
TLL4/ML	0.00	0.42	0.25

通过对 2 个海区大、小群体间形态差异性比较可知（表 3-4），大型群体、小型群体间均出现显著性差异。

表 3-4　基于外部形态特征的群体间多重比较分析

	PEL	PES
CHL	7.95 * *	
CHS		2.76 *

注：* 表示显著性差异；* * 表示极显著性差异；CHL、PEL 依次表示智利、秘鲁外海大型群体；CHS、PES 依次表示智利、秘鲁外海小型群体。

根据差异性系数分析可知（表 3-5），各海区 2 个群体之间差异性系数均小于1.28，说明种群间的形态学差异尚未达到亚种水平。

表 3-5　基于外部形态特征的茎柔鱼群体间差异系数检验

	CH	PE
MW	0.00	0.11
FL	0.20	0.25
FW	0.18	0.20
HW	0.17	0.13
TL	0.14	0.13
TCL	0.27	0.10
TLR1	0.03	0.00
TLR2	0.55	0.11
TLR3	0.43	0.11
TLR4	0.02	0.00
TLL4	0.42	0.11

通过对种群中各形态学参数为自变量进行逐步判别分析，将逐步判别分析筛选出的特征指标建立判别函数。

智利外海茎柔鱼大型个体判别函数为

$$Y=134.95(MW/ML)+818.83(FL/ML)+207.20(HW/ML)-3.13(TL/ML)$$
$$+108.64(TLR2/ML)-47.57(TLL4/ML)-265.08$$

智利外海茎柔鱼小型个体判别函数为

$$Y=145.56(MW/ML)+807.79(FL/ML)+214.71(HW/ML)-0.82(TL/ML)$$
$$+87.61(TLR2/ML)-53.78(TLL4/ML)-251.44$$

秘鲁外海茎柔鱼大型个体判别函数为

$$Y=78.34(FL/ML)+17.58(TL/ML)-4.38(TLR1/ML)-26.86$$

秘鲁外海茎柔鱼小型个体判别函数为

$$Y=91.48(FL/ML)+20.01(TL/ML)-14.56(TLR1/ML)-30.45$$

将柔鱼个体相应的形态比指标代入上述判别函数中，该个体归入所得 Y 值较大的函数所对应的种群。

判别分析结果表明：智利外海大小群体判别正确率分别为 0.73 和 0.75，总判别正确率为 0.74；秘鲁外海大小群体判别正确率分别为 0.78 和 0.42，总判别正确率为 0.61。同时，根据 Wilks 统计量对种群形态差异对比（表 3-6）可知，种群间差异显著（$P<0.05$），种群划分效果良好。

表 3-6　不同海区茎柔鱼种群划分效果检验

海区	来自/判为	大型群体样本数	小型群体样本数	正确率	整体判别正确率	F 值	P
CH	大型	75	28	0.73	0.74	14.31	0.00
	小型	26	79	0.75			
PE	大型	49	14	0.78	0.61	4.85	0.00
	小型	33	24	0.42			

3.2.3　耳石形态差异比较

3.2.3.1　耳石形态特征比较

观察发现，3 个海区耳石外部形态相似，外部轮廓不规则，整体结构凸凹不平，背区与侧区无明显分界，背区轮廓较为平滑，表面分布不规则结晶体；侧区与背区过渡平滑，侧区中部有凸起，背面凹陷；侧区与吻区分界明显，吻区呈船桨状，吻区内侧基点位置不统一；吻区与翼区存在重叠，两部分不在同一平面上（图 3-6）。

(a)智利外海　　　　　　　(b)哥斯达黎加外海　　　　　　　(c)秘鲁外海

图 3-6　3 海区茎柔鱼耳石形态示意图

对各形态参数标准化后发现，3 个海区茎柔鱼耳石整体性差异显著（卡方分量 62.90，$P=0.00$）。通过对各形态参量差异性检验可知（表 3-7），10 个耳石形态长度参数在 3 海区间均呈现出显著性差异（$P<0.01$），3 个角度参数对比中，仅 DDA 出现显著性差异（$P=0.03$）。

表 3-7　3 海区茎柔鱼耳石形态数据

形态参量	智利外海	哥斯达黎加外海	秘鲁外海	F 值	P
TSL/mm	2.04±0.19	1.83±0.16	2.06±0.18	66.56	0.00
MSW/mm	1.30±0.14	1.15±0.11	1.32±0.12	73.25	0.00
DL/mm	1.11±0.15	0.97±0.13	1.11±0.14	46.76	0.00
LDL/mm	0.79±0.09	0.71±0.10	0.82±0.08	51.10	0.00
ROL/mm	0.71±0.08	0.66±0.08	0.72±0.08	22.33	0.00
RIL/mm	0.74±0.11	0.65±0.11	0.75±0.11	28.54	0.00
WL/mm	1.41±0.20	1.22±0.13	1.40±0.17	52.10	0.00
RBL/mm	0.41±0.06	0.39±0.06	0.44±0.07	20.90	0.00
DDL/mm	1.43±0.13	1.24±0.12	1.43±0.14	86.92	0.00
RDL/mm	1.47±0.11	1.35±0.13	1.51±0.11	72.02	0.00
RA/(°)	32.64±6.24	34.02±4.88	34.23±5.36	2.76	0.06
DDA/(°)	95.43±4.77	93.46±5.47	94.00±6.07	3.59	0.03
RDA/(°)	163.04±13.87	161.50±8.16	162.71±9.23	0.73	0.48

3.2.3.2　主成分分析

主成分分析可知，3 个海区耳石形态参数前 5 个主成分的累计贡献率均大于 85%（表 3-8）。第一主成分中最大权重系数均为 TSL，表现为耳石的整体性特征；

第二主成分最大权重系数均为角度参数，智利外海和秘鲁外海茎柔鱼的为 RA，哥斯达黎加外海的为 RDA。后三个主成分最大权重系数各海区间未出现一致性。

表 3-8　左耳石各形态参数权重系数及贡献率

海区	主成分					累计比例/%
	1	2	3	4	5	
智利外海	TSL	RA	ROL	LDL	DDA	87.77
哥斯达黎加外海	TSL	RDA	RA	DDA	ROL	87.24
秘鲁外海	TSL	RA	LDL	ROL	WL	85.35

3.2.3.3　耳石生长模式分析

根据主成分分析可知，TSL 是表征耳石形态的最佳指标，为分析耳石生长模式变化，选用 TSL 与耳石其他各部分与其比值进行相关分析（表 3-9）。分析可知，TSL 与各比值之间存在显著的相关关系（智利外海：卡方值 66.84，$P = 0.00$；哥斯达黎加外海：卡方值 41.61，$P = 0.00$；秘鲁外海：卡方值 103.50，$P = 0.00$）。3 海区耳石中与 TSL 最相关指标均为 RDL/TSL，与 TSL 间表现为负相关，对于智利外海茎柔鱼耳石该相关系数最大，其次为秘鲁外海茎柔鱼，哥斯达黎加外海茎柔鱼相关性最小。

表 3-9　耳石总长与耳石各部分长度与其比值相关系数

	MSW/TSL	DL/TSL	LDL/TSL	ROL/TSL	RIL/TSL	WL/TSL	RBL/TSL	DDL/TSL	RDL/TSL
CH	(0.46)	0.06	(0.61)	(0.33)	(0.09)	(0.06)	(0.48)	(0.44)	(0.65)
CR	(0.33)	0.27	(0.32)	0.07	0.22	(0.30)	(0.05)	(0.08)	(0.43)
PE	(0.45)	0.13	(0.55)	(0.20)	0.07	(0.15)	(0.12)	0.06	(0.60)

注：括号内数据表示负相关。

3 个海区中茎柔鱼耳石各形态参数与 TSL 均呈现正相关、负相关关系，耳石各部分生长模式均表现为异速生长的特性。其中，智利外海仅 DL/TSL 与 TSL 为正相关，与 TSL 同步生长；哥斯达黎加外海茎柔鱼中共有 DL/TSL、ROL/TSL、RIL/TSL 3 个参数与 TSL 为正相关；秘鲁外海与哥斯达黎加外海相似，分别有 DL/TSL、RIL/TSL、DDL/TSL 3 个参数与 TSL 呈现正相关关系（表 3-9）。

MSW/TSL、DL/TSL、LDL/TSL、WL/TSL、RBL/TSL、RDL/TSL 等 6
个参数与 TSL 的相关关系 3 海区间相同，其他 3 个参数不同海区之间出现正相
关、负相关差异（表 3-9）。其中表征吻区自身形态特征的 ROL/TSL、RIL/TSL
与 TSL 之间，在智利外海和秘鲁外海表现出负相关，而哥斯达黎加外海则无显
著相关性；而智利外海茎柔鱼的 DDL/TSL 表现为负相关，哥斯达黎加外海和秘
鲁外海则表现为正相关。

3.2.3.4　TSL 与 RDL 的关系

3 个海区中，与 TSL 相关关系最为显著的均为 RDL/TSL，所以分别建立 3
个海区 TSL 与 RDL 的关系式，以分析 3 海区间耳石形态变化特征的差异。

智利外海 TSL 与 RDL 关系符合逻辑斯谛方程，其关系式［图 3-7(a)］为

$$RDL = 2.37 / [1 + \exp(1.31 - 0.88 \cdot TSL)] \quad (R^2 = 0.73, P = 0.00) \quad (3-2)$$

在整个生长过程中，RDL 随 TSL 生长而生长，但增长速度不断减慢。不同
TSL 组之间 RDL 分布整体差异性显著（卡方值 145.96，$P = 0.00$），TSL 小于
1600μm 时，不同 TSL 组间 RDL 差异性不显著，之后出现显著性差异。TSL 与
RDL/TSL 不存在显著线性关系，但各 TSL 组随对应的 RDL/TSL 变化显著（卡
方值 65.50，$P = 0.00$）。在整个生长过程中，RDL/TSL 值不断减小，TSL 小
于 1600μm 时，RDL/TSL 变化显著；TSL = 1400～1600μm 组与 1600～1800μm
组之间 RDL/TSL 变化不显著，大于 1800μm 后 RDL/TSL 又发生显著性变化。

哥斯达黎加外海茎柔鱼 TSL 与 RDL 关系符合逻辑斯谛方程，其关系式
［图 3-7(b)］为

$$RDL = 1.60 / [1 + \exp(2.54 - 2.33 \cdot TSL)] \quad (R^2 = 0.49, P = 0.00) \quad (3-3)$$

随 TSL 增长，RDL 的生长速度不断减慢，整个生长过程未出现显著性变
化。TSL 与 RDL/TSL 间不存在显著线性关系，但各 TSL 组随对应的 RDL/TSL
变化显著（卡方值 13.76，$P = 0.01$）。TSL 小于 1600μm 时，RDL/TSL 上升；大
于 1600μm 时，RDL/TSL 持续下降。

秘鲁外海茎柔鱼 TSL 与 RDL 关系符合逻辑斯谛方程，其关系式［图 3-7(c)］为

$$RDL = 2.14 / [1 + \exp(1.17 - 0.99 \cdot TSL)] \quad (R^2 = 0.65, P = 0.00) \quad (3-4)$$

秘鲁外海茎柔鱼耳石 RDL 变化模式与智利外海相同。

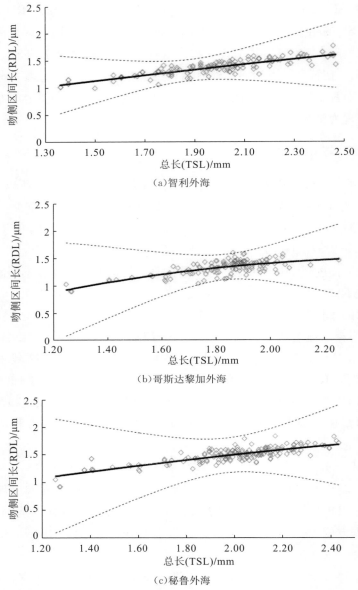

（a）智利外海

（b）哥斯达黎加外海

（c）秘鲁外海

图 3-7　三海区茎柔鱼左耳石总长与吻侧区间长的生长关系

方框表示测量值；实线表示拟合值；虚线表示预测区间

3.2.3.5　TSL 与 RA 的关系

主成分分析可知，RA 表征智利外海和秘鲁外海茎柔鱼耳石形态特征的最佳角度指标，对于哥斯达黎加外海茎柔鱼虽然 RDA 是最佳指标，但是 RA 的权重系数仅次于 RDA，所以我们选用 RA 通过角度变化特征分析三海区耳石形态特征变化。

由图 3-8 可知，智利外海茎柔鱼 RA 在不同 TSL 组存在波动，方差分析表明：不同 TSL 组间 RA 整体变化不显著（卡方值 9.02，$P=0.11$）。哥斯达黎加外海茎柔鱼 RA 整体变化显著（卡方值 14.83，$P=0.01$），TSL 小于 2000 μm 时变化不显著，大于 2000 μm 后显著变小。秘鲁外海茎柔鱼 RA 整体变化显著（卡方值 11.60，$P=0.04$），TSL=1800 μm 前后发生显著性变化。

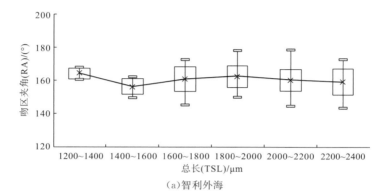

（a）智利外海

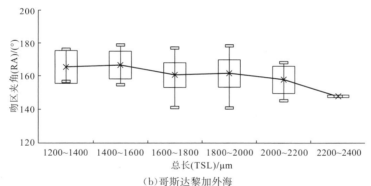

（b）哥斯达黎加外海

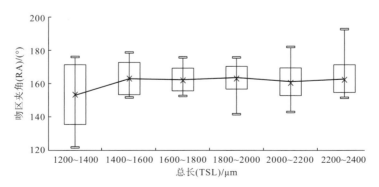

（c）秘鲁外海

图 3-8　三海区茎柔鱼耳石总长与吻区夹角的关系

线段表示 RA 变化范围，方框表示方差范围，曲线表示平均值变化

3.3 讨论与分析

3.3.1 茎柔鱼群体结构差异

本书对智利外海和秘鲁外海茎柔鱼群体差异组成进行了分析，发现其样本胴长为 14~50cm，以小型和大型个体为主，未采集到胴长大于 50cm 的特大型个体。Ichii 等(2002)认为在厄尔尼诺年份渔获物中主要以 ML 小于 40cm 的个体为主，Nigmatullin 等(2001)则认为渔获物以 ML 为 46cm 的个体为主，因本书研究样本采集期 2009 年 6 月~2010 年 4 月属于厄尔尼诺年份，研究结果与以往研究结果相似。

茎柔鱼生命周期为 1 年，根据智利外海不同时间内渔获物胴长组变化可知，即 9 月份和 2 月份均出现一个小型群体，与此相对应的可能是春生及秋生群体(Chen et al. ，2011)，与本研究基本一致。依据茎柔鱼外部形态特征，智利外海海区内大小群体间出现显著性差异，秘鲁外海未出现显著性差异，但差异性系数检验，它们的差异性系数均小于 1.28，这说明各海域内大小群体的差异属于种群间差异，并未达到亚种水平。分析发现，2 个海区大型个体和小型个体的外部形态特征差异是显著的，且利用判别函数取得了 60％以上的正确判别率，这说明利用外部形态特征来划分茎柔鱼种群结构是可行的。Argüelles 等(2001)认为秘鲁外海茎柔鱼可分为 2 个群体，即小型群体及大型群体，且不同群体生命周期存在差异，小型群体广泛分布于 3~12 月，大型群体全年均有出现。李思亮等(2010)对西北太平洋柔鱼种群结构研究后认为，形态学指标可以初步区分种群，与本书研究方法一致。O'Dor 和 Coelho(1993)认为秘鲁外海和智利外海茎柔鱼来自同一产卵群体，且越偏高纬度则胴长越大，在研究中由于调查时间有限，无法得到证明。

3.3.2 耳石形态差异

3.3.2.1 外部形态差异性分析

三个海区茎柔鱼耳石外部形态特征在视觉上无明显差异，但统计学上差异性显著($P < 0.01$)，10 个长度数据均出现显著性差异，角度数据中仅 DDA 出现显著性差异。表征三个海区茎柔鱼耳石外部形态最重要的指标均为 TSL，表现的为

耳石外部形态的整体性变化。表征耳石角度变化的重要指标中，智利外海、秘鲁外海茎柔鱼为 RA，哥斯达黎加外海为 RDA，但均为吻区相关性指标，这可能与吻区在调节淋巴液中的重要作用有关（Alexander et al.，2000）。形态学的特征是受遗传因子和环境因子共同影响的（Mayr et al.，1953）。秘鲁外海和智利外海茎柔鱼耳石 RDL 变化模式相同，可用 O'Dor 和 Coelho（1993）的研究结论解释，该研究认为秘鲁、智利海域茎柔鱼来自同一产卵群体，鱼卵被动洄游至不同海区进行孵化。

3.3.2.2　外部形态变化模式

三个海区茎柔鱼耳石各部分形态变化与 TSL 之间存在显著的相关关系，其中 RDL/TSL 均为相关性最佳指标。在整个生长过程中，三个海区茎柔鱼耳石各部分都出现生长，但呈现异速特性。MSW/TSL、DL/TSL、LDL/TSL、WL/TSL、RBL/TSL、RDL/TSL 等 6 个参数与 TSL 的相关关系在三个海区间相同，其他 3 个参数不同海区之间出现差异。三个海区茎柔鱼耳石形态变化趋势均为整体变得狭长、背区逐渐宽大，耳石重心不断向背区转移，该特征与栖息中上层头足类耳石特征相符（Clarke，1978；Arkhipkin and Bizikov，1998；Arkhipkin，2003）。

3.3.2.3　生长过程分析

三个海区茎柔鱼耳石 TSL 与 RDL 生长关系均符合逻辑斯谛方程，这表明随着耳石生长 RDL 不断增大，但生长速度不断下降，这与本书认为的 RDL/TSL 与 TSL 表现为负相关相一致。ArkhiPkin 等（2000）认为头足类耳石在幼体阶段生长迅速，外部形态由最初呈水滴状发育完整，随着栖息水层的变化，生长速度迅速下降（Wiborg et al.，1982），该结论与本书研究结果相似。不同 TSL 组间 RDL、RDL/TSL 整体发生显著性变化，该显著性变化均发生在 TSL＝1600μm 前后，这与 Wiborg（1979）和 Arkhipkin 等（1995）认为的耳石生长存在两个阶段的结论一致。

RA 在三个海区耳石生长过程中存在巨大差异。在整个生长过程中，智利外海茎柔鱼耳石 RA 未发生显著性变化，哥斯达黎加外海、秘鲁外海茎柔鱼耳石 RA 分别在 TSL＝2000μm 及 1800μm 前后发生显著性变化。Alexander 等（2000）认为吻区在调节淋巴液中具有重要作用，是头足类运动的重要加速度感受器。吻区形态的变化反映了头足类栖息水层不同导致的运动类型的改变，三个海区不同的海洋环境导致了 RA 形态变化的差异。同时，在本书研究中表征吻区自身形态特征的 ROL/TSL、RIL/TSL 两指标与 TSL 相关分析中三个海区间均出现差异，这也证明了吻区在形态变化中具有重要作用。

易倩等(2012)在对哥斯达黎加外海茎柔鱼耳石的研究中发现，各种长度指标及 RDA 均是以 TSL=1600μm 为分界点发生显著变化，在本书研究中哥斯达黎加外海茎柔鱼耳石长度是以 1600μm 为分界点，但 RA 是以 TSL=2000μm 为分界点发生显著性变化，说明耳石形态在随栖息水层改变的过程中各长度数据最为灵敏，角度变化迟于长度变化。所以对于东南太平洋茎柔鱼，TSL=1600μm 可以作为栖息水层变化的重要标志。

第 4 章 基于耳石微结构的茎柔鱼
年龄与生长研究

年龄与生长不仅是头足类生活史研究的基本内容，也是渔业资源评估工作的基础。头足类年龄与生长的研究方法包括体长频度法、实验室饲养法、标记重捕法和硬组织生长纹研究法。研究证明，头足类因其产卵期长、生长迅速、生命周期短等特性，不适合用体长频度法分析其年龄和生长(Jackson et al.，1997)。大洋性柔鱼类很难在实验室条件下饲养，其幼体死亡率极高，存活时间短，且在实验室控制条件下所得的生长曲线不能完全适合野生条件下的多变环境(Hanlon，1990)。标记重捕法回捕率极低，且会干扰标记对象的生理活动。耳石作为头足类硬组织之一，因其具有明显的生长纹结构，被认为是研究年龄和生长的最有效的材料(Jackson，1994)。

一直以来，茎柔鱼因其重要的商业价值和生态价值而受到广泛关注，其年龄和生长等基础生活史内容也得到了许多研究，相关研究集中在加利福尼亚湾和秘鲁沿岸水域(Morales-Bojórquez et al.，2001)，但是很少有研究涉及哥斯达黎加外海、秘鲁外海和智利外海。本章通过耳石微结构信息的解读，鉴定各海区茎柔鱼仔鱼、稚鱼和成鱼的年龄，推算孵化期，划分产卵群体，建立生长模型，计算生长率，同时对各海区进行差异性比较，研究结果弥补了东太平洋外海茎柔鱼年龄生长知识的不足，为茎柔鱼资源的评估提供基础资料。

4.1 材料和方法

4.1.1 数据采集

4.1.1.1 样本采集

样本采集于哥斯达黎加外海、秘鲁外海和智利外海。哥斯达黎加外海采集时间为 2009 年 7 月和 8 月，采集地点为 91°48′~99°30′W、6°36′~9°30′N；秘鲁外海采集时间为 2008 年 1 月至 2010 年 11 月，采集地点为 79°12′~85°51′W、10°21′~

18°16′S；智利外海采集时间为 2007 年 1 月、5~6 月，2008 年 2~3 月、5 月以及 2010 年 4~6 月，采集地点为 75°00′~82°28′W、20°00′~40°57′S(表 4-1 和图 4-1)。

表 4-1 样本采集信息

海区	鱿钓船	采样地点	采样日期	样本数
智利	新世纪 52 号	76°00′~80°00′W, 23°30′~40°57′S	2007 年 1 月、5~6 月	430
	新世纪 52 号	79°25′~82°28′W, 20°30′~39°43′S	2008 年 2~3 月	169
	浙远渔 807 号	75°00′~79°30′W, 20°00′~24°00′S	2008 年 5 月	468
	丰汇 16 号	75°03′~77°50′W, 24°50′~29°25′S	2010 年 4~5 月	89
	新吉利 8 号	75°05′~79°21′W, 24°04′~28°56′S	2010 年 4~6 月	278
	金鱿 8 号	76°01′~76°25′W, 27°49′~28°53′S	2010 年 6 月	19
秘鲁	新世纪 52 号	82°48′~83°37′W, 12°43′~15°55′S	2008 年 1~2 月	381
	浙远渔 807 号	82°05′~85°30′W, 10°32′~13°32′S	2008 年 9 月~2009 年 2 月	311
	丰汇 16 号	—	2009 年 8~10 月	387
	丰汇 16 号	79°22′~84°29′W, 10°21′~18°16′S	2009 年 9 月~2010 年 11 月	1394
	新吉利 8 号	79°12′~85°51′W, 16°18′~17°32′S	2010 年 4 月 6 日, 6 月 29 日	16
哥斯达黎加	丰汇 16 号	91°48′~99°30′W, 6°36′~9°30′N	2009 年 7~8 月	281

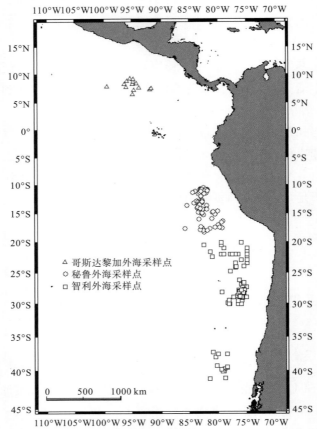

图 4-1 茎柔鱼采样点

4.1.1.2　耳石提取

头足类耳石位于头部后方平衡囊内(图 4-2)，其提取可分为以下几步：①使茎柔鱼胴体腹部朝上，头朝前[图 4-3(a)]；②用剪刀从内部剪开外套和漏斗的融合部，并拨开皮肤可见平衡囊[图 4-3(b)~(d)]；③用解剖刀、镊子拨开头后腹面的皮和肌肉，使头软骨腹表面暴露[图 4-3(e)]；④用解剖刀水平地逐步切削平衡囊腹面的头软骨，直至露出耳石，注意每次切削不易过深，以免耳石丢失[图 4-3(f)~(h)]；⑤用竹制镊子将平衡囊内耳石取出，注意轻取轻放，以免损坏耳石；⑥取出后的耳石放入 90% 的乙醇中保存，并贴好标签。

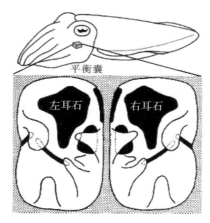

图 4-2　头足类平衡囊及耳石位置示意图(Perguson，1994)

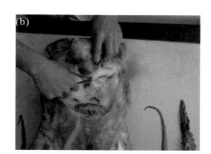

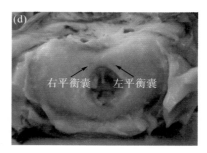

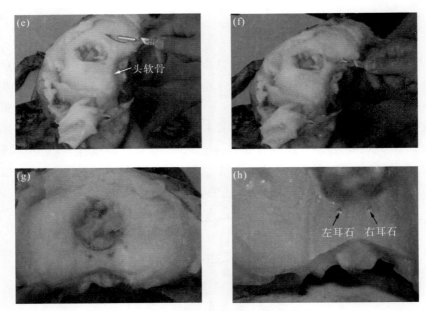

图 4-3　茎柔鱼耳石提取图解（刘必林等，2011）

4.1.2　实验方法

4.1.2.1　耳石测量

取出事先保存的耳石，待其晾干后，在连接有 CCD（charge coupled device，电荷耦合器件）的 Olympus 双筒光学显微镜 40 倍下拍照。采用 Image Pro Plus 4.5.29 图像分析软件打开所拍照片，并测量耳石长度（statolith length，SL），精确至微米。采用 Mettler Toledo©-XP6 电子天平称取耳石重（statolith weight，SW），精确至微克。

4.1.2.2　耳石切片制作

将用于年龄鉴定的耳石放入长方形塑料模具当中，加入固化剂和冷埋树脂进行包埋，并放置阴凉处待其硬化；硬化后的耳石块用 Isomet 1000© 切割机将其切成小块，并用热熔胶粘于载玻片之上；在 Struers© 专业耳石研磨机上先后以 3M© 240 目、600 目、1200 目、2000 目防水耐磨砂纸沿耳石纵切面研磨至核心，在此过程中不断在显微镜下检查，以免磨过核心；如此完成一面研磨，然后重复以上过程完成另外一面。待两面都研磨至核心，再用 0.3 μm 氧化铝水绒布抛光研磨好的耳石切片；最后将制备好的耳石切片放入鳞片袋中保存，并做好标记。

4.1.2.3　耳石轮纹计数

研磨好的耳石切片在连接有 CCD 的 Olympus 双筒光学显微镜 400 倍下拍照，由数据线将照片传入电脑，然后利用 Photoshop 图像处理软件对图片进行叠加处理（图 4-4）。重新拼合好的耳石图片以 Microsoft office picture manager 软件打开，由耳石核心向生长纹清晰的背区计数生长纹，部分耳石边缘"空白区"的生长纹数由临近区域的生长纹数推算。若"空白区"的长度大于耳石半径的 30%，则该方法不适合推算。每一条耳石的生长纹由不同观察者分别计数一次，若两者计数的生长纹数目与均值的差值低于 10%，则认为计数准确，否则计数无效。

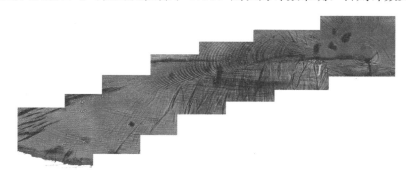

图 4-4　叠加后的茎柔鱼耳石照片

4.1.2.4　生长纹周期性确定

头足类生长纹日周期性的证实主要有连续采样法、实验室饲养法和化学标记法。茎柔鱼属大洋性头足类，利用实验室饲养法和化学标记法证明其日轮有效性不可行。但茎柔鱼所属柔鱼科的其他种类耳石生长纹日周期性的有效性得到了证实，如阿根廷滑柔鱼、双柔鱼、滑柔鱼。对于在分类地位上相近的两个种类，一般认为如果其中有一个种类的耳石生长纹日周期性得到了证实，即认为另外一个种类的耳石生长纹也具有日周期性，因此我们认为茎柔鱼耳石生长纹具有日周期性。

4.1.3　数据分析

4.1.3.1　孵化期推算

头足类的诞生轮形成于孵化期，枪乌贼类的生长纹在胚胎发生时已经开始沉积，初孵个体的诞生轮内已有生长纹形成，因此由捕获日期减去估算年龄所得的孵化日期要比实际孵化日期早。柔鱼科类的诞生轮即为耳石的零轮，因为它们在孵化后才开始有生长纹沉积，所以捕捞日期减去估算年龄所得的日期即为茎柔鱼的孵化日期。

4.1.3.2　生长模型选择

头足类的年龄和生长受到生物（饵料、敌害、空间竞争等）、非生物（温度、光照、盐度等）等多方面因素的影响，因此基于耳石的生长模型有多种形式，如线性、指数、幂函数、Logistic、Gompertz 和 Von Bertalanffy 生长模型等。本章研究拟合以下生长模型来研究茎柔鱼的生长：

线性方程：

$$L_t = a + bt \tag{4-1}$$

指数方程：

$$L_t = a\,e^{bt} \tag{4-2}$$

幂函数方程：

$$L_t = at^b \tag{4-3}$$

Logistic 方程：

$$L_t = \frac{1}{1 + e^{-k(t-t_0)}} \tag{4-4}$$

Gompertz 生长方程：

$$L_t = L_0 e^{G(1-e^{-gt})} \tag{4-5}$$

Von Bertalanffy 生长方程：

$$L_t = L_\infty \big[1 - e^{-k(t-t_0)}\big] \tag{4-6}$$

式中，L_t 为胴长（或体重），单位为 mm（或 g）；t 为日龄，单位为 d；a、b、G、g、k 为常数；t_0 为 $L=0$ 时的理论年龄。式中的参数使用极大似然法进行估算：

$$l(p_1, \cdots, p_m, \sigma^2) = (2\pi\sigma^2)^{-n/2} \prod_{i=1}^{n} \exp\{-[L_i - g(t_i)]^2/2\sigma^2\} \tag{4-7}$$

式中，σ 为正态分布的方差，n 为样本数，L_i 和 $g(t_i)$ 分别为第 i 个样本的胴长观测值和模型估算值。

利用最大相关系数 r^2（coefficient of determination）、最小离散系数 CV（coefficient of variance）和最小 AIC 指数来选择最适生长模型。AIC 计算公式如下：

$$\text{AIC} = -2\ln l(p_1, \cdots, p_m, \sigma^2) + 2m \tag{4-8}$$

式中，m 为方程中参数的个数。

4.1.3.3　生长率计算

采用瞬时相对生长率 G（instantaneous relative growth rate）和绝对生长率

AGR(absolute daily growth rate)来分析茎柔鱼的生长，其计算方程分别为

$$G = \frac{\ln S_2 - \ln S_1}{t_2 - t_1} \times 100\%$$ (4-9)

$$AGR = \frac{S_2 - S_1}{t_2 - t_1}$$ (4-10)

式中，S_2 为 t_2 时体重（BW）或胴长（ML）；S_1 为 t_1 时 BW 或 ML；G 为相对生长率（%）；AGR 单位为 mm·d^{-1}或 g·d^{-1}。本章研究采用的时间间隔为 30d。

4.1.3.4　统计检验

方差分析（ANOVA）检验不同地理区域茎柔鱼年龄、耳石长及耳石重的差异。协方差分析（ANCOVA）检验不同地理区域及性别的个体及耳石生长差异。所有统计检验采用 SPSS 15.0 统计软件进行分析。

4.2　耳石微结构及其生长的研究

4.2.1　耳石微结构

茎柔鱼耳石由背区、侧区、吻区和翼区四部分组成。耳石内部生长纹由明暗相间的环纹组成，耳石的生长起始于核心（focus，F），核心区（nuclear，N）为诞生轮（natal ring，NR）以内的区域。与其他柔鱼类相似，茎柔鱼耳石核心区以外的背区部分，根据生长纹宽度可分为后核心区（postnuclear，PN）、暗区（dark zone，DZ）和外围区（peripheral zone，PZ）三个明显的生长区。暗区生长纹最宽，后核心区次之，外围区最窄（图 4-5）。

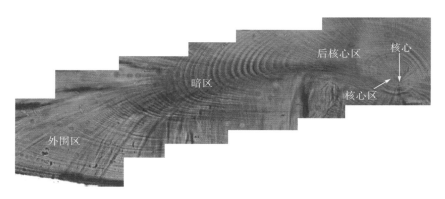

图 4-5　茎柔鱼耳石背区微结构

哥斯达黎加外海茎柔鱼耳石后核心区生长纹数目为 16～35 个，平均 26.2±3.7 个；暗区生长纹数目为 65～112 个，平均 86.1±11.5 个。秘鲁外海茎柔鱼耳石后核心区生长纹数目为 20～45 个，平均 31.9±3.8 个；暗区生长纹数目为 60～116 个，平均 84.5±8.9 个。智利外海茎柔鱼耳石后核心区生长纹数目为 24～44 个，平均 33.0±3.7 个；暗区生长纹数目为 70～114 个，平均 88.4±7.3 个(表 4-2)。ANOVA 分析显示，三海区茎柔鱼耳石后核心区生长纹数目差异明显($P=0.000<0.05$)，哥斯达黎加外海与秘鲁外海茎柔鱼耳石暗区生长纹数目无明显差异($P=0.084>0.05$)，而智利外海则与这两个海区差异显著(哥斯达黎加 $P=0.023<0.05$，秘鲁 $P=0.000<0.05$)。

表 4-2 茎柔鱼耳石后核心区和暗区生长纹数目

海区	样本数/尾	后核心区生长纹数目/个		暗区生长纹数目/个	
		范围	均值	范围	均值
哥斯达黎加外海	119	16～35	26.2±3.7	65～112	86.1±11.5
秘鲁外海	624	20～45	31.9±3.8	60～116	84.5±8.9
智利外海	237	24～44	33.0±3.7	70～114	88.4±7.3

4.2.1.1 耳石标记轮

茎柔鱼耳石的不同区域通常会形成规则的标记轮：第 1 类标记轮位于耳石核心区边缘[图 4-6(a)，(e)]；第 2 类标记轮位于耳石后核心区内[图 4-6(a)，(e)]；第 3 类位于耳石后核心区与暗区过渡区域[图 4-6(a)，(e)]；第 4 类标记轮位于耳石暗区向外围区过渡区域[图 4-6(b)，(e)]；第 5 类标记轮位于耳石的外围区内[图 4-6(c)，(e)]；部分耳石周期性半月带或月带之间由第 6 类标记轮分开[图 4-6(d)]。除此之外，耳石后核心区、暗区及外围区还会形成一些不规则的第 7 类标记轮[图 4-6(e)]。

4.2.1.2 耳石异常结构

观察发现，个别茎柔鱼耳石微结构中可发现一些不规则的异常结构，如副核心、附生长纹、附中心等[图 4-7(a)，(b)，(c)，(d)]。在 1 尾成熟雌性个体耳石中发现了极其独特的异常结构，该样本在第 70、80、95、104、131 条生长纹处分别形成标记轮，在第 104 条纹处形成新的核心，围绕它形成的生长纹方向与正常的生长纹方向完全相反，异常部分的吻区与正常部分的背区重合，异常部分的背区与正常部分的吻区重合[图 4-7(e)]。

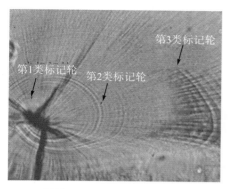

（a）成熟雄性，胴长 246mm，日龄 180d

（b）成熟雌性，胴长 310mm，日龄 216d

（c）未成熟雌性，胴长 409mm，日龄 375d

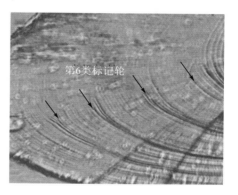

（d）成熟雌性，胴长 331mm，日龄 205d

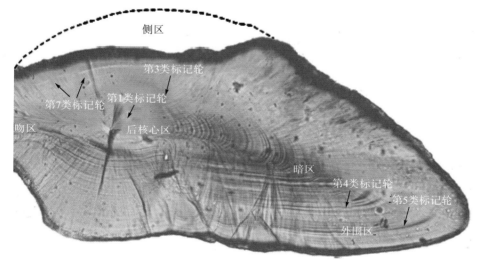

（e）未成熟雌性，胴长 250mm，日龄 179d

图 4-6　茎柔鱼耳石标记轮

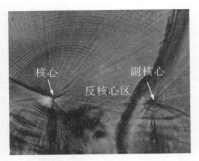

(a)成熟雌性，胴长 310mm，日龄 200d

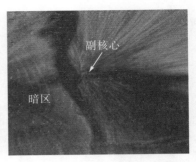

(b)未成熟雌性，胴长 324mm，日龄 233d

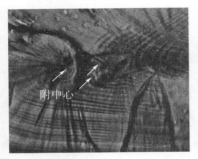

(c)未成熟雌性，胴长 246mm，日龄 165d

(d)成熟雄性，胴长 325mm，日龄 197d

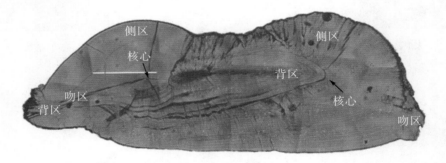

(e)成熟雌性，胴长 598mm，日龄 410d

图 4-7   茎柔鱼耳石特殊微结构

4.2.2   耳石的生长

哥斯达黎加外海茎柔鱼耳石长为 1247~2249μm，平均 1846±140μm；耳石重 1247~2249μg，平均 816±161μg。秘鲁外海茎柔鱼耳石长 1602~2521μm，平均 2047±162μm；耳石重 560~2740μg，平均 1240±333μg。智利外海茎柔鱼耳石长 1914~2479μm，平均 1856±250μm；耳石重 1138~2532μg，平均 2236±110μg(表 4-3)。ANOVA 分析显示，三海区茎柔鱼耳石长和耳石重差异显著(P=0.000<0.05)。

表 4-3　茎柔鱼耳石长与耳石重

海区	样本数	耳石长/μm		耳石重/μg	
		范围	均值	范围	均值
哥斯达黎加外海	179	1247~2249	1846±140	1247~2249	816±161
秘鲁外海	967	1602~2521	2047±162	560~2740	1240±333
智利外海	218	1914~2479	1856±250	1138~2532	2236±110

　　哥斯达黎加外海、秘鲁外海及智利外海茎柔鱼耳石重与耳石长呈明显的指数异速生长关系(图 4-8)，ANCOVA 检验显示雌雄无明显差异(哥斯达黎加 $F_{1,176}=0.472$，$P=0.493>0.05$；秘鲁 $F_{1,963}=1.363$，$P=0.243>0.05$；智利 $F_{1,214}=0.216$，$P=0.643>0.05$)。

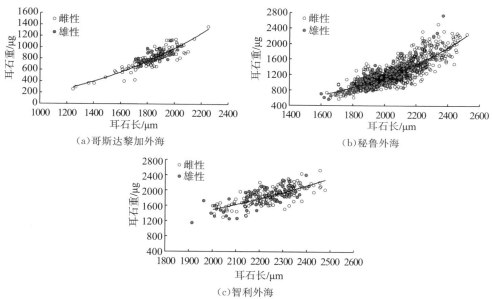

图 4-8　哥斯达黎加外海、秘鲁外海及智利外海茎柔鱼耳石重与耳石长关系

其生长方程如下：

哥斯达黎加外海：

$$SW=0.000004SL^{2.5318}(r^2=0.790，n=179)$$

秘鲁外海：

$$SW=81.857SL^{0.0013}(r^2=0.708，n=967)$$

智利外海：

$$SW=251.06SL^{0.0009}(r^2=0.511，n=218)$$

　　哥斯达黎加外海和秘鲁外海茎柔鱼耳石长与胴长均呈显著的对数关系[图 4-9(a)，(b)]，哥斯达黎加外海雌雄无明显差异(ANCOVA，$F_{1,176}=1.996$，

$P=0.160>0.05$），而秘鲁外海雌雄差异显著（ANCOVA，$F_{1,963}=8.470$，$P=0.004<0.05$）；智利外海茎柔鱼耳石长与胴长呈显著的幂函数关系［图 4-9(c)］，雌雄差异明显（ANCOVA，$F_{1,214}=9.873$，$P=0.002<0.05$）。

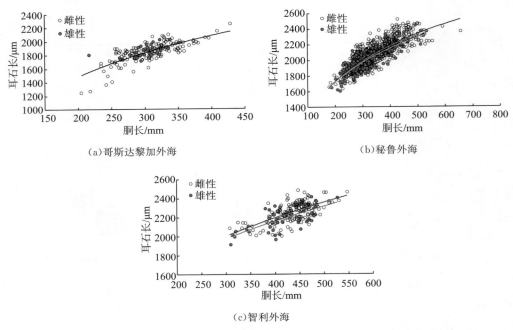

图 4-9　哥斯达黎加外海、秘鲁外海及智利外海茎柔鱼耳石长与胴长关系

其关系式如下：

哥斯达黎加外海：

$$SL=862.24\ln(ML)-3084.9(r^2=0.570，n=179)$$

秘鲁外海雌性：

$$SL=669.69\ln(ML)-1827.7(r^2=0.683，n=788)$$

雄性：

$$SL=621.49\ln(ML)-1568.9(r^2=0.707，n=179)$$

智利外海雌性：

$$SL=324.77ML^{0.3187}(r^2=0.437，n=152)$$

雄性：

$$SL=337.64ML^{0.3095}(r^2=0.491，n=66)$$

哥斯达黎加外海茎柔鱼耳石长与日龄呈显著的对数关系［图 4-10(a)］，雌雄无明显差异（ANCOVA，$F_{1,160}=1.390$，$P=0.240>0.05$）；秘鲁外海和智利外海茎柔鱼耳石长与日龄呈显著的幂函数关系［图 4-10(b)，(c)］，雌雄差异显著

（秘鲁 ANCOVA，$F_{1,963}=32.351$，$P=0.000<0.05$；智利 ANCOVA，$F_{1,214}=5.179$，$P=0.024<0.05$）。

其关系式如下：

哥斯达黎加外海：

$$SL=761.79\ln(Age)-2188.8(r^2=0.465，n=163)$$

秘鲁外海雌性：

$$SL=433.07Age^{0.2828}(r^2=0.547，n=788)$$

雄性：

$$SL=452.67Age^{0.2702}(r^2=0.525，n=179)$$

智利外海雌性：

$$SL=655.04Age^{0.2128}(r^2=0.337，n=152)$$

雄性：

$$SL=633.31Age^{0.218}(r^2=0.366，n=66)$$

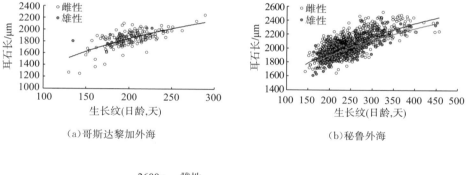

　　（a）哥斯达黎加外海　　　　　　　　　（b）秘鲁外海

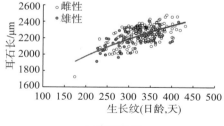

（c）智利外海

图 4-10　哥斯达黎加外海、秘鲁外海及智利外海茎柔鱼耳石长与日龄关系

哥斯达黎加外海、秘鲁外海和智利外海耳石长与耳石重（ANCOVA，$F_{2,1358}=136.225$，$P=0.000<0.05$）胴长（ANCOVA，$F_{2,1358}=62.334$，$P=0.000<0.05$）以及日龄关系差异显著（ANCOVA，$F_{2,1342}=11.738$，$P=0.000<0.05$）。

4.3　利用耳石微结构研究茎柔鱼年龄与生长

4.3.1　年龄

对哥斯达黎加外海茎柔鱼，成功读取 263 个耳石(211 个雌性，52 个雄性)日龄数据。年龄为 130~289d，主要为 181~210d，占总体的 75% 以上[图 4-11(a)]。日龄最小的雌性为 130d，胴长 218mm；最小的雄性为 130d，胴长 212mm。日龄最大的雌性为 289d，胴长 429mm；最大的雄性为 240d，胴长 352mm。

对秘鲁外海茎柔鱼，成功读取 1535 个耳石(1207 个雌性，286 个雄性，42 个未鉴定性别)日龄数据。年龄为 144~633d，主要为 181~300d，占总体的 75% 以上[图 4-11(b)]。日龄最小的雌性为 144d，胴长 178mm；最小的雄性为 162d，胴长 218mm。日龄最大的雌性为 633d，胴长 1118mm；最大的雄性为 573d，胴长 1033mm。

对智利外海茎柔鱼，成功读取 619 个耳石(425 个雌性，194 个雄性)日龄数据。年龄为 145~476d，主要为 271~390d，占总体的 80% 以上[图 4-11(c)]。日龄最小的雌性为 145d，胴长 270mm；最小的雄性为 213d，胴长 299mm。日龄最大的雌性为 476d，胴长 515mm；最大的雄性为 416d，胴长 528mm。

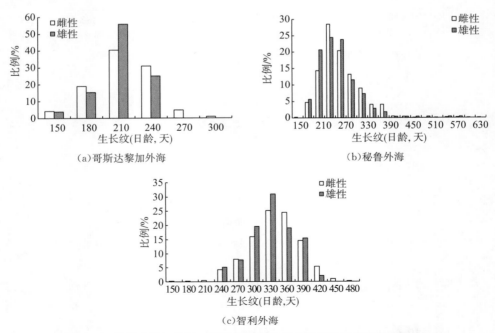

图 4-11　哥斯达黎加外海、秘鲁外海及智利外海茎柔鱼样本的年龄组成

哥斯达黎加外海、秘鲁外海和智利外海茎柔鱼样本的平均年龄分别为 200±27d、260±68d 和 322±46d。ANOVA 分析显示，三海区年龄差异显著（$P=0.000<0.05$）。

4.3.2　孵化日期推测

对哥斯达黎加外海茎柔鱼，其样本孵化日期为 2008 年 12 月～2009 年 4 月，高峰期为 1～2 月[图 4-12(a)]。对秘鲁外海茎柔鱼，其样本孵化日期为 2008 年 1 月～2010 年 4 月，高峰期为 1～3 月[图 4-12(b)]。对智利外海茎柔鱼，其样本孵化日期为 2005 年 10 月～2009 年 11 月，高峰期为 5～7 月[图 4-12(c)]。

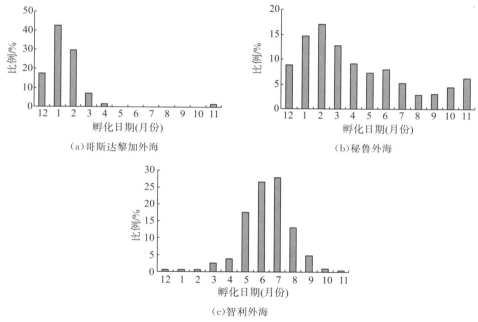

图 4-12　哥斯达黎加外海、秘鲁外海及智利外海茎柔鱼孵化日期分布

4.3.3　生长模型

对哥斯达黎加外海茎柔鱼，其胴长与日龄呈明显的线性关系[图 4-13(a)]，ANCOVA 检验显示雌雄无明显差异（$F_{1.260}=0.004$，$P=0.951>0.05$）。对秘鲁外海茎柔鱼，其冬春生群的胴长与日龄呈线性关系[图 4-13(b)1]，但雌雄差异显著（ANCOVA，$F_{1.340}=5.744$，$P=0.017<0.05$）；夏秋生群茎柔鱼胴长与日龄呈指数关系[图 4-13(b)2]，雌雄无明显差异（ANCOVA，$F_{1.854}=2.366$，

P=0.124>0.05）。对智利外海茎柔鱼，其冬春生群的胴长与日龄呈线性关系
［图 4-13（c）1］，但雌雄差异显著（ANCOVA，$F_{1,454}$=4.106，P=0.043<0.05）；
夏秋生群茎柔鱼胴长与日龄呈指数关系［图 4-13（c）2］，雌雄无明显差异
（ANCOVA，$F_{1,157}$=0.000，P=0.988>0.05）。

哥斯达黎加外海：

$$ML=33.059+1.3666Age（r^2=0.825，n=263）$$

秘鲁外海冬春生群雌性：

$$ML=1.2452Age+32.126（r^2=0.751，n=271）$$

雄性：

$$ML=1.1133Age+54.08（r^2=0.720，n=73）$$

夏秋生群：

$$ML=138.26e^{0.0034Age}（r^2=0.782，n=869）$$

智利外海冬春生群雌性：

$$ML=0.7604Age+172.47（r^2=0.498，n=309）$$

雄性：

$$ML=0.8103Age+151.26（r^2=0.543，n=149）$$

夏秋生群：

$$ML=215.87e^{0.0019Age}（r^2=0.539，n=161）$$

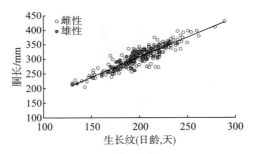

（a）哥斯达黎加外海

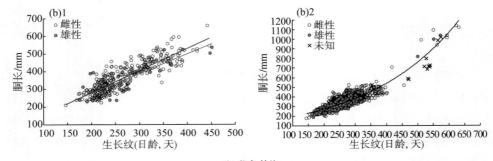

（b）秘鲁外海

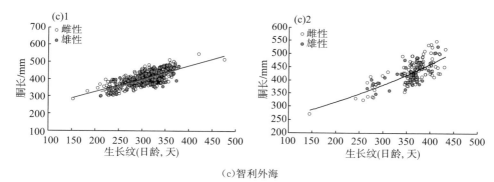

(c)智利外海

图 4-13　哥斯达黎加外海、秘鲁外海及智利外海茎柔鱼胴长与日龄关系

对哥斯达黎加外海茎柔鱼，其雌雄个体体重与日龄关系显著不同（ANCOVA，$F_{1,260}=12.706$，$P=0.000<0.05$），雌性呈指数关系，而雄性呈幂函数关系[图 4-14(a)]。对秘鲁外海茎柔鱼，其冬春生群的体重与日龄呈指数关系[图 4-14(b)1]，雌雄差异显著（ANCOVA，$F_{1,340}=8.824$，$P=0.003<0.05$）；夏秋生群茎柔鱼体重与日龄也呈指数关系[图 4-14(b)2]，但雌雄无明显差异（ANCOVA，$F_{1,854}=2.237$，$P=0.135>0.05$）。对智利外海茎柔鱼，其冬春生群的体重与日龄呈幂函数关系[图 4-14(c)1]，雌雄差异显著（ANCOVA，$F_{1,454}=11.109$，$P=0.001<0.05$）；夏秋生群茎柔鱼体重与日龄呈指数关系[图 4-14(c)2]，雌雄无明显差异（ANCOVA，$F_{1,157}=0.621$，$P=0.432>0.05$）。

哥斯达黎加外海雌性：

$$BW=62.206e^{0.0118Age}\ (r^2=0.655,\ n=211)$$

雄性：

$$BW=0.0072Age^{2.1379}\ (r^2=0.616,\ n=52)$$

秘鲁外海冬春生群雌性：

$$BW=77.976e^{0.0105Age}\ (r^2=0.729,\ n=271)$$

雄性：

$$BW=91.123e^{0.0094Age}\ (r^2=0.670,\ n=73)$$

夏秋生群：

$$BW=48.121e^{0.0119Age}\ (r^2=0.805,\ n=869)$$

智利外海冬春生群雌性：

$$BW=0.1418Age^{1.6665}\ (r^2=0.478,\ n=309)$$

雄性：

$$BW=0.0321Age^{1.9127}\ (r^2=0.564,\ n=149)$$

夏秋生群：

$$BW=234.63e^{0.0064Age}(r^2=0.528，n=161)$$

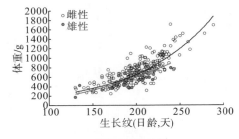

（a）哥斯达黎加外海

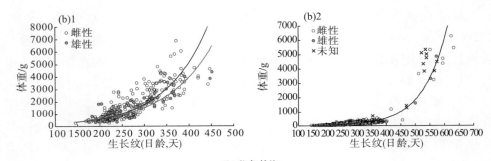

（b）秘鲁外海

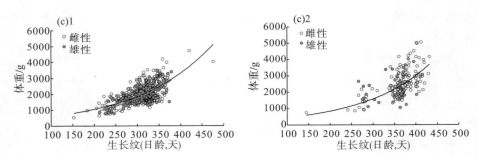

（c）智利外海

图4-14　哥斯达黎加外海、秘鲁外海及智利外海茎柔鱼体重与日龄关系

4.3.4　生长率

对哥斯达黎加外海茎柔鱼：其雌性胴长平均AGR和G分别为1.29mm·d^{-1}和0.41，最大AGR（1.46mm·d^{-1}）和最大G（0.52）出现在181~210d；而雄性平均AGR和G分别为1.27mm·d^{-1}和0.48，最大AGR（2.07mm·d^{-1}）和最大G（0.85）则出现在151~180d（表4-4）。雌性体重平均AGR和G分别为

$8.39g \cdot d^{-1}$ 和 1.03，AGR 随着年龄增大而增加，最大 G（1.25）出现在 $181 \sim 210d$；雄性体重平均 AGR 和 G 分别为 $4.92g \cdot d^{-1}$ 和 1.02，AGR 和 G 随着年龄增大而减小（表 4-4）。

表 4-4　哥斯达黎加外海茎柔鱼胴长及体重的相对和绝对生长率

性别	年龄等级/d	样本数/尾	胴长生长率			体重生长率		
			平均胴长/mm	AGR/(mm·d⁻¹)	G	平均体重/g	AGR/(g·d⁻¹)	G
雌性	121～150	9	226.2	—	—	341.1	—	—
	151～180	40	259.5	1.11	0.46	454.7	3.79	0.96
	181～210	85	303.2	1.46	0.52	661.2	6.88	1.25
	211～240	65	338.1	1.16	0.36	896.4	7.84	1.01
	241～270	10	.375.5	1.25	0.35	1220.0	10.79	1.03
	271～300	2	419.1	1.45	0.37	1600.0	12.67	0.90
雄性	121～150	2	214.5	—	—	295.0	—	—
	151～180	8	276.5	2.07	0.85	460.3	5.51	1.48
	181～210	29	302.7	0.87	0.30	591.9	4.39	0.84
	211～240	13	329.0	0.88	0.28	737.7	4.86	0.73

对秘鲁外海茎柔鱼：其冬春生群雌性胴长平均 AGR 和 G 分别为 $1.17mm \cdot d^{-1}$ 和 0.35，最大 AGR（$1.76mm \cdot d^{-1}$）和最大 G（0.62）出现在 $211 \sim 240d$；而雄性平均 AGR 和 G 分别为 $1.23mm \cdot d^{-1}$ 和 0.38，最大 AGR（$1.77mm \cdot d^{-1}$）和最大 G（0.60）则分别出现在 $271 \sim 300d$ 和 $211 \sim 240d$（表 4-5）。雌性体重平均 AGR 和 G 分别为 $15.11g \cdot d^{-1}$ 和 1.13，最大 AGR（$29.82g \cdot d^{-1}$）和最大 G（1.78）分别出现在 $331 \sim 360d$ 和 $181 \sim 210d$；雄性体重平均 AGR 和 G 分别为 $13.11g \cdot d^{-1}$ 和 1.23，最大 AGR（$26.60g \cdot d^{-1}$）和最大 G（2.12）分别出现在 $331 \sim 360d$ 和 $211 \sim 240d$（表 4-5）。

夏秋生群雌性胴长平均 AGR 和 G 分别为 $1.05mm \cdot d^{-1}$ 和 0.31，最大 AGR（$1.67mm \cdot d^{-1}$）和最大 G（0.46）出现在 $271 \sim 300d$ 以及 $211 \sim 240d$；而雄性平均 AGR 和 G 分别为 $1.04mm \cdot d^{-1}$ 和 0.34，最大 AGR（$1.16mm \cdot d^{-1}$）和最大 G（0.33）则出现在 $271 \sim 300d$（表 4-5）。雌性体重平均 AGR 和 G 分别为 $13.79g \cdot d^{-1}$ 和 1.01，最大 AGR（$28.21g \cdot d^{-1}$）和最大 G（1.64）出现在 $361 \sim 390d$ 和 $211 \sim 240d$；雄性体重平均 AGR 和 G 分别为 $10.12g \cdot d^{-1}$ 和 1.10，最大 AGR（$13.74g \cdot d^{-1}$）和最大 G（1.23）分别出现在 $271 \sim 300d$ 和 $241 \sim 270d$（表 4-5）。

表 4-5 秘鲁外海茎柔鱼胴长及体重的相对和绝对生长率

产卵群	性别	年龄等级/d	样本数/尾	胴长生长率			体重生长率		
				平均胴长/mm	AGR/(mm·d⁻¹)	G	平均体重/g	AGR/(g·d⁻¹)	G
冬春生群	雌性	151~180	14	229.7	—	—	328.8	—	—
		181~210	41	257.6	0.93	0.38	561.4	7.75	1.78
		211~240	151	310.5	1.76	0.62	862.6	10.04	1.43
		241~270	125	339.5	0.96	0.30	1132.6	9.00	0.91
		271~300	91	376.2	1.22	0.34	1600.2	15.59	1.15
		301~330	60	427.9	1.73	0.43	2480.6	29.35	1.46
		331~360	30	474.3	1.55	0.34	3375.1	29.82	1.03
		361~390	26	475.1	0.03	0.01	3502.6	4.25	0.12
		391~420	4	523.6	—	—	5328.1	—	—
		421~450	2	519.0	—	—	3949.7	—	—
		451~480	0	—	—	—	—	—	—
		481~510	0	—	—	—	—	—	—
		511~540	0	—	—	—	—	—	—
		541~570	0	—	—	—	—	—	—
		571~600	2	1020.8	—	—	47867.8	—	—
		601~630	1	1138.5	—	—	77612.8	—	—
		631~660	1	1118.0	—	—	54500.0	—	—
	雄性	151~180	5	225.2	—	—	289.4	—	—
		181~210	18	238.2	0.43	0.19	345.9	1.88	0.59
		211~240	34	284.9	1.55	0.60	653.3	10.25	2.12
		241~270	24	317.1	1.07	0.36	827.9	5.82	0.79
		271~300	17	370.1	1.77	0.52	1394.7	18.89	1.74
		301~330	12	404.0	1.13	0.29	1851.6	15.23	0.94
		331~360	6	446.4	1.41	0.33	2649.7	26.60	1.19
		361~390	3	446.1	—	—	2580.0	—	—
		391~420	1	523.0	—	—	4001.0	—	—
		421~450	0	—	—	—	—	—	—
		451~480	1	534.0	—	—	4373.1	—	—
		481~510	0	—	—	—	—	—	—
		511~540	0	—	—	—	—	—	—
		541~570	0	—	—	—	—	—	—
		571~600	1	1033.0	—	—	53404	—	—

续表

产卵群	性别	年龄等级/d	样本数/尾	胴长生长率			体重生长率		
				平均胴长/mm	AGR/(mm·d⁻¹)	G	平均体重/g	AGR/(g·d⁻¹)	G
夏秋生群	雌性	121~150	2	193.5	—	—	223	—	—
		151~180	8	243.9	—	—	399	—	—
		181~210	51	268.9	0.83	0.32	539	4.67	1.00
		211~240	115	309.1	1.34	0.46	881	11.40	1.64
		241~270	80	338.9	1.00	0.31	1235	11.82	1.13
		271~300	64	389.1	1.67	0.46	1825	19.66	1.30
		301~330	49	415.1	0.86	0.22	2209	12.80	0.64
		331~360	19	427.6	0.42	0.10	2448	7.97	0.34
		361~390	23	463.6	1.20	0.27	3294	28.21	0.99
		391~420	2	507.5	—	—	3931	—	—
		421~450	2	600.6	—	—	3987	—	—
		451~480	1	516.0	—	—	3964	—	—
		481~510	0	—	—	—	—	—	—
		511~540	1	988.5	—	—	36500	—	—
		541~570	2	1012.1	—	—	42750	—	—
	雄性	151~180	3	236.3	—	—	—	—	—
		181~210	23	281.7	—	—	637	—	—
		211~240	24	304.7	0.77	0.26	787	5.01	0.71
		241~270	33	335.4	1.02	0.32	1139	11.73	1.23
		271~300	15	370.1	1.16	0.33	1552	13.74	1.03
		301~330	9	391.7	0.72	0.19	1877	10.83	0.63
		331~360	2	373.0	—	—	1620	—	—
		361~390	1	452.0	—	—	2507	—	—
		391~420	0	—	—	—	—	—	—
		421~450	1	501.0	—	—	3838	—	—
		451~480	0	—	—	—	—	—	—
		481~510	1	816.0	—	—	16100	—	—
		511~540	0	—	—	—	—	—	—
		541~570	1	992.8	—	—	33100	—	—

对智利外海茎柔鱼：其冬春生群雌性胴长平均 AGR 和 G 分别为 $0.70\text{mm}\cdot\text{d}^{-1}$ 和 0.18，最大 $\text{AGR}(1.07\text{mm}\cdot\text{d}^{-1})$ 和最大 $G(0.24)$ 出现在 $361\sim390\text{d}$；而雄性平均 AGR 和 G 分别为 $0.78\text{mm}\cdot\text{d}^{-1}$ 和 0.20，最大 $\text{AGR}(1.03\text{mm}\cdot\text{d}^{-1})$ 和最大 $G(0.28)$ 出现在 $271\sim300\text{d}$（表 4-6）。雌性体重平均 AGR 和 G 分别为 $10.06\text{g}\cdot\text{d}^{-1}$ 和 0.57，最大 $\text{AGR}(14.56\text{g}\cdot\text{d}^{-1})$ 和最大 $G(0.71)$ 出现在 $361\sim390\text{d}$ 和 $241\sim270\text{d}$；雄性体重平均 AGR 和 G 分别为 $10.47\text{g}\cdot\text{d}^{-1}$ 和 0.62，最大 AGR $(14.53\text{g}\cdot\text{d}^{-1})$ 和最大 $G(0.87)$ 出现在 $331\sim360\text{d}$ 和 $241\sim270\text{d}$（表 4-6）。

夏秋生群各年龄等级由于个体较少，故不对其生长率做分析。

表 4-6　智利外海茎柔鱼胴长及体重的相对和绝对生长率

产卵群	性别	年龄等级/d	样本数/尾	胴长生长率			体重生长率		
				平均胴长/mm	AGR/ $(\text{mm}\cdot\text{d}^{-1})$	G	平均体重/g	AGR/ $(\text{g}\cdot\text{d}^{-1})$	G
冬春生群	雌性	151~180	1	282.0	—	—	523.2	—	—
		181~210	2	336.7	—	—	1024.3	—	—
		211~240	18	346.4	0.32	0.09	1255.1	7.69	0.68
		241~270	30	369.6	0.78	0.22	1551.8	9.89	0.71
		271~300	60	391.8	0.74	0.19	1843.1	9.71	0.57
		301~330	106	413.5	0.73	0.18	2135.8	9.75	0.49
		331~360	78	430.1	0.55	0.13	2398.7	8.77	0.39
		361~390	12	462.3	1.07	0.24	2835.4	14.56	0.56
		391~420	0	—	—	—	—	—	—
		421~450	1	546.0	—	—	4700.0	—	—
		451~480	1	515.0	—	—	4000.0	—	—
	雄性	211~240	10	333.0	—	—	1019.8	—	—
		241~270	14	357.0	0.80	0.23	1324.5	10.16	0.87
		271~300	32	387.9	1.03	0.28	1690.8	12.21	0.81
		301~330	57	404.9	0.57	0.14	1950.9	8.67	0.48
		331~360	27	432.1	0.91	0.22	2387.0	14.53	0.67
		361~390	9	450.0	0.60	0.14	2590.3	6.78	0.27
夏秋生群	雌性	121~150	1	269.5	—	—	749.0	—	—
		151~180	0	—	—	—	—	—	—
		181~210	0	—	—	—	—	—	—
		211~240	0	—	—	—	—	—	—

续表

产卵群	性别	年龄等级/d	样本数/尾	胴长生长率			体重生长率		
				平均胴长/mm	AGR/(mm·d⁻¹)	G	平均体重/g	AGR/(g·d⁻¹)	G
夏秋生群	雌性	241~270	4	345.0	—	—	1150	—	—
		271~300	8	375.4	—	—	1538	—	—
		301~330	1	432.0	—	—	2075	—	—
		331~360	26	420.9	—	—	2308	—	—
		361~390	50	440.0	0.64	0.15	2606	9.91	0.40
		391~420	23	471.3	1.04	0.23	3312	23.55	0.80
		421~450	3	465.1	—	—	3257	—	—
	雄性	241~270	1	368.0	—	—	1350.0	—	—
		271~300	6	382.5	—	—	1501.7	—	—
		301~330	3	398.3	—	—	1461.1	—	—
		331~360	10	415.8	0.58	0.14	2173.7	23.75	1.32
		361~390	21	437.0	0.71	0.17	2567.6	13.13	0.56
		391~420	4	484.8	—	—	3343.4	—	—

　　哥斯达黎加外海、秘鲁外海和智利外海茎柔鱼胴长和体重的平均相对生长率和绝对生长率如表 4-7 所示。

表 4-7　哥斯达黎加外海、秘鲁外海及智利外海茎柔鱼胴长和体重平均相对和绝对生长率

海区	产卵群	性别	胴长平均生长率		体重平均生长率	
			AGR/(mm·d⁻¹)	G	AGR/(g·d⁻¹)	G
哥斯达黎加外海		雌性	1.29	0.41	8.39	1.03
		雄性	1.27	0.48	4.92	1.02
秘鲁外海	冬春生群	雌性	1.17	0.35	15.11	1.13
		雄性	1.23	0.38	13.11	1.23
	夏秋生群	雌性	1.05	0.31	13.79	1.01
		雄性	1.04	0.34	10.12	1.10
智利外海	冬春生群	雌性	0.70	0.18	10.06	0.57
		雄性	0.78	0.20	10.47	0.62
	夏秋生群	雌性	0.84	0.19	16.73	0.60
		雄性	0.64	0.15	18.44	0.94

4.4　讨论与小结

4.4.1　讨论

4.4.1.1　耳石微结构

　　茎柔鱼与其他柔鱼科头足类相似,耳石由明显的背区、侧区、吻区和翼区四部分组成,其核心区以外的背区根据生长纹宽度可分为后核心区、暗区和外围区三部分。各区的形成与茎柔鱼主要发育期相关,核心区形成于胚胎期,后核心区形成于仔鱼期,暗区形成于稚鱼期,外围区形成于亚成鱼和成鱼期。因此根据这一假设,计算后核心区和暗区生长纹数据得出,哥斯达黎加外海、秘鲁外海和智利外海茎柔鱼仔鱼期日龄分别约为 26d、32d 和 33d,稚鱼期日龄分别为 86d、84d 和 88d,这一结果明显小于滑柔鱼和阿根廷滑柔鱼(Arkhipkin and Perez,1998)。Arkhipkin 和 Murzov(1986)运用同样方法得出的茎柔鱼的仔稚鱼日龄与本书哥斯达黎加外海所得结果相近,大于秘鲁外海所得结果。ANOVA 分析显示不同地理区域茎柔鱼仔稚鱼日龄差异明显,哥斯达黎加外海茎柔鱼仔鱼日龄最小($P<0.05$),智利外海茎柔鱼稚鱼日龄最大($P<0.05$)。

4.4.1.2　标记轮与异常结构

　　标记轮是耳石微结构中有别于正常生长纹的特殊生长纹,它可分为规则和不规则两类,而规则标记轮又可分为周期性和非周期性两类(Arkhipkin and Perez,1998)。规则的周期性标记轮一般以半月或一月为周期,它们的形成可能与月亮围绕地球公转的周期有关,这种标记轮在鹦乌贼和鱼钩乌贼 *Ancistrocheirus lesueurii* 耳石中也被发现(Kristensen,1980)。少数茎柔鱼耳石外围区存在以半月为周期的生长带[图 4-7(d)],生长带之间以明显的标记轮隔开,以前学者在对茎柔鱼耳石的研究中没有发现这种现象。规则的非周期性标记轮通常与个体发育期相关,如孵化、交配、产卵、仔鱼期和稚鱼期等(Arkhipkin et al.,1999)。它们通常是沿耳石整个断面分布的完整标记轮,此类标记轮的出现阻止或延缓了耳石的生长,其形成是体细胞的生长速率降低所致(Arkhipkin and Perez,1998)。本书研究在茎柔鱼耳石中发现了一系列这类标记轮:第 1 类标记轮位于耳石核心区边缘[图 4-6(a),(e)]形成于茎柔鱼孵化时,这一类通常被称作诞生轮或零轮;第 2 类标记轮位于耳石后核心区内[图 4-6(a),(e)],它的形成可能与喙乌贼期仔鱼结束有关,此时喙乌贼期仔鱼的喙管分裂成两个独立的触腕时消耗大量能量(Arkhipkin and Murzov,1986),而这必将延缓耳石的生长,因此促使了标记轮的形成;第 3 类和第 4 类标记轮分别位于耳石后核心区与暗区过渡[图 4-6(a),(e)]和暗区向外围区过渡区域[图 4-6(b),(e)],它们的形成可能分别与仔鱼期结束并向稚鱼期和稚鱼期结束向成鱼期过渡有关,此时茎柔鱼食性的变化导致耳石生长暂时变缓,因而形成标记轮(Arkhipikn,2005);第 5 类标记轮位于耳石的外围区内[图 4-6(c),(e)];部分耳石周期性半月带或月带之间由第 6 类标记轮分开[图 4-7(d)],它的形成可能与月亮围绕地球公转的周期性的变化有关。不规则的标记轮被认为能够反映头足类生长环境变化导致的生长压力,如饥饿、风暴、温度波动以及逃脱被捕食等(Arkhipikn,2005)。这种标记轮通常是一种不完整的标记轮,只出现在耳石断面的部分区域,它们往往是耳石的保护膜被扰乱或破坏所致,当保护膜恢复正常耳石才重新开始生长(Arkhipkin and Perez,1998)。本研究在一些茎柔鱼耳石侧区也发现此类不规则的标记轮[图 4-6(e)],这可能是茎柔鱼遭受捕食者攻击所致,图中虚线所示部分为假设没有标记轮时正常耳石所应有的形态。

除了常见的标记轮之外,在茎柔鱼耳石中还发现了一些特殊的微结构,如副核心、附中心以及附生长纹等[图 4-7(a),(b),(c),(d)]。一般来说,头足类耳石只有一个原基(即核心,图 4-4,图 4-5,图 4-6),而鱼类耳石往往有几个甚至多个,且同一世代的鱼类耳石的原基数量可能不同(Neilson et al.,1985)。然而在个别茎柔鱼耳石的后核心区[图 4-7(a)]和暗区[图 4-7(b)]发现了副核心,在枪乌贼耳石核心区(Arkhipkin,1995)和阿根廷滑柔鱼耳石后核心区也有发现(Arkhipkin and Perez,1998),其形成原因尚不了解,推断可能是外力作用使得耳石被破坏,待其恢复之后碳酸盐在被破坏的地方重新沉积形成新的核心。Arkhipkin 和 Murzov(1986)在极少数茎柔鱼耳石中发现与本研究相同的附中心结构[图 4-7(c)],同样的结构在鱼钩乌贼耳石也有报道(Arkhipikn,1997)。而独特的附轮结构为本书研究首次发现,在其他头足类中还未见报道。Arkhipkin 和 Golub(2000)报道了 1 尾未成熟雌性茎柔鱼耳石的异常微结构,他们发现仔鱼期(后核心区)外的 12 个生长纹的方向与正常的生长纹完全相反,吻区与成鱼耳石背区完全重合,而背区则与成鱼耳石吻区重合,之后生长纹开始正常,第 55~60 条生长纹之后完全正常。与此极其相似的是,本书研究也发现 1 尾成熟雌性茎柔鱼耳石存在类似异常结构。该尾茎柔鱼稚鱼期外的生长纹(第 104 轮开始)的方向与正常的生长纹完全相反,稚鱼期耳石吻区与成鱼期耳石背区重合,而稚鱼期耳石背区则与成鱼期耳石吻区重合。造成这种异常现象的原因可能是:稚鱼期茎柔鱼头部受到外力作用(如受到捕食动物的攻击)使耳石脱离了主听斑,因而此时的生长纹发生错乱，之后耳石的相反一侧与主听斑重新接合，生长纹开始向相反的方向生长。

4.4.1.3 耳石的生长

头足类耳石的生长为异速生长，又称作相对生长和绝对生长，相对生长是指耳石长度相对于头足类胴长的生长，而绝对生长是指耳石长度相对于头足类年龄的生长。头足类耳石总长与胴长通常符合用幂函数、线性和对数方程来描述，而耳石总长与年龄通常符合用幂函数、线性、对数、指数和 Logistic 方程来描述（刘必林等，2011）。哥斯达黎加外海和秘鲁外海茎柔鱼耳石长与胴长呈明显的对数关系[图 4-9(a)，(b)]，而智利外海茎柔鱼耳石长与胴长则呈明显的幂函数关系[图 4-9(c)]，这与墨西哥加利福尼亚湾相似（Markaida et al.，2004）。哥斯达黎加外海茎柔鱼耳石长与日龄呈显著的对数关系[图 4-10(a)]，秘鲁外海和智利外海茎柔鱼耳石长与日龄呈显著的幂函数关系[图 4-9(b)，(c)]，Markaida 等（2004）研究发现墨西哥加利福尼亚湾茎柔鱼耳石长与日龄呈明显的 Logistic 关系。

4.4.1.4 年龄和生长

20 世纪 70 年代开始，胴长频度法被应用到茎柔鱼的年龄研究中。通过胴长频度分析认为：南美洲海域茎柔鱼胴长 300~500mm 的个体年龄超过 3 年（Nesis，1970，1983）；秘鲁外海胴长 400~600mm 的个体年龄为 1 年，640~800mm 的个体年龄为 2 年（Argüelles-Torres，1996）；加利福尼亚湾最大个体的年龄为 18~20 个月（Ehrhardt et al.，1983）；瓜伊马斯外海 6 个月大小的个体胴长可达 200~500mm。然而，这种研究方法受到了广泛的质疑，许多学者认为胴长频度法并不适合研究头足类这种生命周期短、生长迅速的种类，而耳石信息储存稳定，是研究头足类年龄最有效的方法之一（Yatsu et al.，1997）。基于耳石生长纹法推算的茎柔鱼生命周期通常为 1~1.5 年，胴长大于 750mm 的大型个体寿命可达 1.5~2 年（Nigmatullin et al.，2001）。Arkhipkin 和 Murzov（1986）最先利用耳石生长纹结构研究了东南太平洋茎柔鱼的年龄，推算最大年龄约为 260d；Masuda 等（1998）推算东南太平洋茎柔鱼最大年龄为 352d；Argüelles 等（2001）推算秘鲁海域茎柔鱼最大年龄为 354d；Markaida 等（2004）推算墨西哥加利福尼亚湾茎柔鱼最大年龄为 442d；Mejía-Rebollo 等（2008）推算下加利福尼亚西部沿岸茎柔鱼最大年龄为 433d；Liu 等（2010）推算智利外海茎柔鱼最大年龄为 299d；而本书研究所得最大年龄为 633d。头足类生命周期受其生活的水环境和食物丰度影响，一般为 1~2 年，寒带种类寿命可达 2 年，温带种类次之，不到 2 年，热带种类一般小于 8 个月。对于同一种头足类而言，生活在暖水水域的寿命通常比生活于温水或冷水水域的要短(Arkhipikn，2004)，例如，大西洋赤道水域的科氏滑柔鱼种群寿命为 6 个月(Arkhipikn，1996)，而比斯开湾暖水水域的科氏滑柔鱼寿命为 1 年(González and Chong，2006)。本书研究不同海区的茎柔鱼得出相似的结论：哥斯达黎加外海暖水水域的雌性茎柔鱼寿命小于 10 个月，雄性小于 8 个月，而生于秘鲁外海和智利外海冷水水域的茎柔鱼寿命多为 1~1.5 年，少数秘鲁外海大个体寿命为 1.5~2 年。

头足类的生长受生物(饵料、敌害、空间竞争等)、非生物(温度、光照、盐度等)以及地理环境等多方面因素影响，同种头足类不同地理种群、性别、生长阶段所适合的生长方程有异，因而适合的生长方程有线性、指数、幂函数、Logistic、Gompertz 和 von Bertalanffy 等多种(Markaida et al.，2004)。墨西哥加利福尼亚湾和下加利福尼亚西部沿岸的茎柔鱼胴长适合 Logistic 生长(Markaida et al.，2004)，秘鲁沿岸茎柔鱼胴长适合指数生长(Argüelles et al.，2001)；东南太平洋海域成体茎柔鱼则适合线性生长(Masuda et al.，1998)。本书研究发现，哥斯达黎加外海茎柔鱼胴长适合线性生长，雌雄生长无明显差异。秘鲁外海和智利外海冬春生群胴长均适合线性生长，而夏秋生群均适合指数生长，前者雌雄均无明显差异，后者均差异明显。研究认为线性生长模型往往适合描述头足类某一个生长阶段的生长(Dawe and Beck，1992；Rodhouse and Hatfield，1990)，非线性生长方程则适合描述整个生命周期内的生长(Hatfield，1991；Macy，1992；Villanueva，1992)，本书研究所用样本均来自鱿钓渔业，缺少小个体样本，因此所得的生长方程不适合描述仔稚鱼的生长。为了掌握茎柔鱼整个生活史(从仔鱼到产卵)的生长，在今后的研究中，需要采用不同作业工具(如围网、拖网等)收集不同生活史时期的个体，同时增加采样的时间和空间以扩大样本覆盖范围，这样才能更合理、更科学地研究茎柔鱼整个生命史的生长。

头足类生命周期短，生长迅速，不同种类之间以及同种不同地理种群、性别、生长阶段生长率不同(刘必林等，2011)。哥斯达黎加外海茎柔鱼胴长生长率略大于秘鲁外海，明显大于智利外海(表 4-7)，这是因为哥斯达黎加外海处于低纬度，水温较高，智利外海位于纬度较高地区，水温较低，而秘鲁外海位于两者之间。与之相反，哥斯达黎加外海体重生长率明显小于秘鲁外海和智利外海(表 4-7)，这与哥斯达黎加外海茎柔鱼体型较小有关。各海区茎柔鱼不同生长阶段的胴长生长率明显不同：哥斯达黎加外海雌雄分别出现在 181~210d 和 151~180d；秘鲁外海冬春生群雌雄均出现在 211~240d，夏秋生群均出现在 271~300d；智利外海冬春生群雌性分别出现在 361~390d 和 271~300d(表 4-4、表 4-5 和表 4-6)。哥斯达黎加外海和秘鲁外海雌性个体的体重生长率明显大于雄性；而智利外海雄性生长率略大于雌性，这可能由于大部分年龄组样本数太少（表 4-7）。茎柔鱼这种不同群体、不同性别、不同生长阶段的生长率差异在以前的研究中得到了证实。下加利福尼亚西部沿岸水域的茎柔鱼雌性个体绝对生长率先由 100d 的 1.46mm·d^{-1} 上升到 220d 的 2.09mm·d^{-1}，然后再下降至 440d 的 0.87mm·d^{-1}；雄性个体绝对生长率先由 100d 的 1.57mm·d^{-1} 上升到 200d 的 2.1mm·d^{-1}，然后再下降至 440d 的 0.59mm·d^{-1}（Mejía-Rebollo et al.，2008）。墨西哥加利福尼亚海湾的茎柔鱼绝对生长率大，5 月龄前绝对生长率可达 2.0mm·d^{-1}，雌性个体 230～250d 绝对生长率最大达到 2.65mm·d^{-1}，雄性个体 210～230d 绝对生长率最大达到 2.44mm·d^{-1}（Markaida et al.，2004）。Argüelles 等（2001）分析秘鲁海域大型和小型群体不同性成熟阶段的瞬时生长率的差异，结果显示成熟小型群体瞬时生长率为 0.48～0.58，而大型群体为 0.08～0.10。

4.4.1.5 孵化期

已知头足类的日龄和捕捞日期可逆算其孵化日期，一般来说，头足类几乎全年产卵，但有明显的高峰期，不同地理区域的群体产卵高峰期有所不同。秘鲁海域的茎柔鱼孵化期为全年，高峰期为 6 月和 9 月；加利福尼亚西部沿岸的茎柔鱼孵化期为 1～12 月，高峰期为 1～3 月；然而，墨西哥加利福尼亚湾的茎柔鱼孵化期也为 1～12 月，但却未发现明显的孵化期，推测可能是因为该海区存在多个产卵群体。本研究发现，秘鲁外海和智利外海茎柔鱼孵化期也为全年，高峰期分别为 1～3 月和 5～7 月，而哥斯达黎加外海茎柔鱼孵化期只有 12 月至翌年 4 月，高峰期为 1～2 月，这是因为样本捕捞日期比较集中（7～8 月）。比较各学者及本书的研究结果发现，不同地理区域及不同年份茎柔鱼的产卵高峰期不尽相同，这可能是茎柔鱼的洄游路线长，种群结构复杂，分布区域互有重叠，以及环境的时间和空间的变化等因素造成的。

4.4.2 小结

（1）根据耳石不同生长区与主要生活史时期的相关性分析，认为茎柔鱼仔鱼和稚鱼期的年龄，分别为 1 个月和 3 个月左右。

（2）对耳石微结构中的标记轮进行了划分与归类，结果认为茎柔鱼耳石标记轮可分为 3 种：与月亮有关的周期性规则标记轮，与孵化、仔鱼期、稚鱼期、交配、产卵等相关的非周期性规则标记轮，与饥饿、风暴、温度波动以及逃脱被捕食等突发事件相关的不规则标记轮。对异常结构的研究认为，茎柔鱼遭受某些突发事件后，其生理节律发生剧烈变化，这些变化被记录到耳石的微结构当中。因此，通过耳石标记轮和异常结构的分析可以推测茎柔鱼交配、产卵、突发事件发生的时间与次数等。

（3）通过对耳石生长纹的分析，鉴定了茎柔鱼的年龄组成，结果显示哥斯达黎加外海的茎柔鱼成鱼寿命小于 10 个月，秘鲁外海和智利外海的多为 1~1.5 年，少数秘鲁外海大个体寿命为 1.5~2 年。

（4）研究认为，茎柔鱼全年产卵，各海区产卵高峰期有所不同，哥斯达黎加外海为 1~2 月，秘鲁外海为 1~3 月，智利外海为 5~7 月，根据孵化期将秘鲁外海和智利外海茎柔鱼各分成冬春生群和夏秋生群两个种群。

（5）茎柔鱼的生长具有明显的地理和性别差异，智利外海茎柔鱼的生长率明显小于水温相对较高的哥斯达黎加和秘鲁。

第 5 章　基于耳石微化学的种群鉴定及洄游路线重建

　　种群与洄游是头足类生活史的重要内容，了解茎柔鱼的种群结构及其联通性、洄游路线及不同生活史时期个体适合的栖息环境和可能分布的海区，是茎柔鱼种群动力学研究、资源保护及其可持续开发的关键。为此，本章拟通过 LA-ICP-MS 法分析东太平洋公海茎柔鱼不同生活史时期耳石微量元素的组成、分布及其差异，利用早期生活史时期(胚胎期和仔鱼期)耳石微量元素来鉴定茎柔鱼不同地理和产卵种群；根据微量元素与 SST 的关系分析茎柔鱼不同生活史时期适合的栖息环境和可能的分布海区，并重建其洄游路线。同时，期望通过本章为头足类种群鉴定和洄游的研究提供新的思路，为掌握茎柔鱼资源变动以及可持续利用和管理提供基础。

5.1　材料和方法

5.1.1　数据采集

5.1.1.1　样本采集

　　用于微量元素分析的 32 尾茎柔鱼样本由鱿钓探捕船和商业鱿钓船于 2007～2010 年采集，分别采自哥斯达黎加、秘鲁及智利专属经济区外海(图 5-1)。所有样本记录捕捞时间和地点，测定胴长(精确至 1mm)和体重(精确至 1g)，鉴定性别并划分性腺成熟度等级(表 5-1)。耳石提取后放入存有 90%乙醇的离心管中保存。

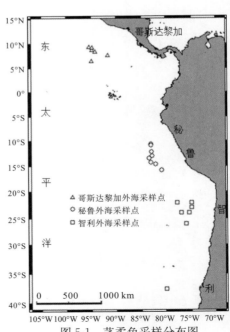

图 5-1　茎柔鱼采样分布图

表 5-1　茎柔鱼样本信息

样本号	捕捞日期	捕捞地点	地理坐标	胴长/mm	体重/g	性别	性腺成熟度	年龄/d	孵化日期	产卵群体
3	2009/08/17	哥斯达黎加外海	8°55′N,94°55′W	263	458	♂	成熟	175	2009/02/23	冬季
30	2009/08/19	哥斯达黎加外海	8°35′N,94°19′W	259	477	♀	未成熟	163	2009/03/09	春季
SC10-10	2009/08/18	哥斯达黎加外海	9°21′N,94°52′W	285	450	♂	成熟	186	2009/02/13	冬季
71	2009/08/09	哥斯达黎加外海	7°46′N,91°48′W	274	542	♀	未成熟	183	2009/02/07	冬季
B10-2	2009/07/26	哥斯达黎加外海	9°30′N,95°30′W	271	460	♀	成熟	220	2008/12/18	冬季
SC07-11	2009/08/15	哥斯达黎加外海	6°36′N,95°02′W	250	570	♀	成熟	174	2009/02/22	冬季
SC10-21	2009/08/18	哥斯达黎加外海	9°21′N,94°52′W	310	590	♂	成熟	215	2009/01/15	冬季
72	2009/08/09	哥斯达黎加外海	7°46′N,91°48′W	295	627	♂	成熟	180	2009/02/10	冬季
61b	2008/09/20	秘鲁外海	10°32′S,83°14′W	258	456	♀	未成熟	156	2008/04/17	秋季
70b	2008/09/20	秘鲁外海	10°32′S,83°14′W	291	735	♀	未成熟	176	2008/03/28	秋季
124b	2008/09/13	秘鲁外海	10°39′S,82°29′W	278	533	♀	未成熟	159	2008/04/07	秋季
C0923	2009/09/23	秘鲁外海	10°45′S,83°10′W	989	36500	♀	成熟	513	2008/04/28	秋季
D12	2008/01/10	秘鲁外海	12°54′S,82°56′W	454	2500	♀	成熟	232	2007/05/23	秋季
D42	2008/01/21	秘鲁外海	13°06′S,82°46′W	343	1120	♂	未成熟	220	2007/06/15	冬季
D94	2008/02/04	秘鲁外海	13°03′S,83°04′W	325	910	♀	未成熟	228	2007/06/21	冬季
E176	2008/12/14	秘鲁外海	13°20′S,83°29′W	275	691	♀	未成熟	236	2008/04/22	秋季
E54	2008/11/24	秘鲁外海	12°00′S,83°05′W	302	864	♀	未成熟	243	2008/03/26	秋季
G422	2009/11/15	秘鲁外海	11°29′S,82°31′W	450	3281	♀	未成熟	243	2009/03/17	秋季
G54	2010/02/05	秘鲁外海	14°07′S,83°10′W	403	1962	♀	未成熟	264	2009/05/17	秋季

续表

样本号	捕捞日期	捕捞地点	地理坐标	胴长/mm	体重/g	性别	性腺成熟度	年龄/d	孵化日期	产卵群体
K242	2010/11/10/	秘鲁外海	14°31′S,82°09′W	359	1243	♀	成熟	257	2010/02/26	夏季
61a	2008/05/01	智利外海	23°00′S,75°00′W	381	1643	♀	未成熟	216	2007/09/28	春季
88a	2008/05/07	智利外海	22°00′S,77°50′W	449	2735	♂	未成熟	242	2007/09/08	春季
294a	2008/05/12	智利外海	22°00′S,75°00′W	391	1978	♀	未成熟	184	2007/11/10	春季
301a	2008/05/12	智利外海	22°00′S,75°00′W	401	2127	♀	未成熟	291	2007/07/26	冬季
316a	2008/05/12	智利外海	23°00′S,75°00′W	341	1338	♂	未成熟	248	2007/09/06	春季
321a	2008/05/09	智利外海	24°00′S,75°30′W	372	1535	♀	未成熟	217	2007/10/05	春季
6b	2007/01/20	智利外海	24°00′S,77°00′W	391	1800	♀	未成熟	237	2006/05/28	秋季
23b	2007/01/21	智利外海	26°00′S,76°00′W	425	2250	♀	未成熟	251	2006/05/15	秋季
35b	2007/01/25	智利外海	37°30′S,80°00′W	368	1350	♀	未成熟	201	2006/07/08	冬季
38b	2007/01/25	智利外海	37°30′S,80°00′W	309	800	♀	未成熟	207	2006/07/02	冬季
69b	2008/05/01	智利外海	23°00′S,75°00′W	361	1302	♂	未成熟	235	2007/09/09	春季
75b	2008/05/07	智利外海	22°00′S,77°50′W	517	3719	♀	未成熟	191	2007/10/29	春季

5.1.1.2　水温数据收集

利用多功能水质仪（XR-620，加拿大产）测定现场水温。各生活史时期对应的 SST 数据取自 http://oceanwatch.pifsc.noaa.gov，时间分辨率为周，空间分辨率 $0.1°×0.1°$。由于时间分辨率没有达到天，各生活史时期对应日期的 SST 数据无法准确匹配，因此选择在此之前且最近一周的 SST 数据来匹配。

5.1.2　实验方法

5.1.2.1　年龄鉴定及孵化日期推算

对 32 尾茎柔鱼耳石进行切片制作并鉴定日龄，方法详见第 4 章。捕捞日期减去日龄得孵化日期。

5.1.2.2　微量元素测定

为了减少污染物对元素测试带来的干扰，经过日龄鉴定后的耳石切片在电阻大于 $18Ω$ 的去离子水中清洗 5min 并在 Class-100 层流柱中晾干。由耳石中心至背区边缘，在代表胚胎期耳石的核心区、仔鱼期的后核心区、稚鱼期的暗区、亚成鱼期的外围区接近暗区处、成鱼期的外围区边缘处，分别选取 1 个取样点（图 5-2）。

图 5-2　茎柔鱼不同生活史时期耳石微区元素取样点（1~5 取样点的位置分别代表胚胎期、仔鱼期、稚鱼期、亚成鱼期和成鱼期）

选取取样点后，微区每个取样点 8 种元素（^{43}Ca、^{23}Na、^{24}Mg、^{55}Mn、^{63}Cu、^{66}Zn、^{88}Sr、^{137}Ba）在中国地质大学（武汉）地质过程与矿产资源国家重点实验室利用激光剥蚀-电感耦合等离子体质谱（laser ablation inductively coupled plasma mass spectrometry，LA-ICP-MS）法测试完成。激光剥蚀系统为 GeoLas 2005，ICP-MS 为 Agilent7500a。激光剥蚀直径为 24μm，激光频率为 5Hz。激光剥蚀过程采用氦气（0.7L/min）作为载气，氩气作为补偿气（0.8L/min）以调节灵敏度。每个取样点包括 20～30s 空白信号和 20s 样品信号，仪器详细操作条件见表 5-2（Liu et al.，2008；郑曙等，2009）。以 USGS 参考玻璃（如 BCR-2G、BIR-1G 和 BHVO-2G）为校正标准，采用多外标、无内标法对元素含量进行定量计算。对分析数据的离线处理（包括对样品和空白信号的选择、仪器灵敏度漂移校正、元素含量计算）采用软件 ICPSDataCal 完成（Liu et al.，2008）。

表 5-2　LA-ICP-MS 工作参数

GeoLas 2005 激光剥蚀系统		Agilent7500a ICP-MS	
波长	193nm	RF 功率	1350W
脉冲宽度	15ns	等离子体流速	14.0L/min
能量密度	14J/cm^2	辅助气流速	1.0L/min
剥蚀直径	24μm	离子透镜设置	5.4mm
频率	5Hz	积分时间	10ms
载气	氦气（0.7L/min）	检测器模式	Dual
补偿气	氩气（0.8L/min）		

5.1.3　数据分析与统计检验

5.1.3.1　微量元素分析

双因素方差分析（two-way analysis of variance）分析不同性别、样本以及不同生活史时期耳石的元素含量差异。

5.1.3.2　种群结构分析

单因素方差分析（one-factor analysis of variance）和多因素方差分析（factorial ANOVA）检验胚胎期和仔鱼期耳石微量元素差异。采用判别分析（discriminant analysis，DA）划分茎柔鱼不同地理种群和产卵种群。利用判别分析的前两个判别函数系数及其均值计算 95% 椭圆置信区间。运用弃一法交互检验法（leave-one-out cross validation method）检验种群划分的成功率。运用随机检验（randomization test）检查弃一法交互检验法所得判别成功率是否由随机误差造成的。95% 椭圆置信区间由 R2.13.1 软件计算，其他统计分析采用 SPSS 15.0 完成。

5.1.3.3　洄游路线重建

1. 研究思路与假设条件

以智利外海为例，首先建立捕捞地点 SST 与耳石最外围微量元素的关系，已知不同取样点微量元素的含量，然后根据事先建立的关系，在 SST 数据库中找出不同生活史时期各自所适合的 SST 及其对应的地理位置，将适合分布的海区连接起来预测可能的洄游路线。以上这一研究思路基于以下几个假设条件：①Sr 元素是头足类耳石沉积的关键元素，因此将 Sr 元素分别与其他 7 个元素组合并与 SST 进行回归分析，选取与 SST 关系密切的组合元素作为水温指示元素；②假定不同生活史时期组合元素与 SST 的关系始终一致；③为了增加可预测的 SST 范围，所有样本都用于建立 SST 与组合元素的关系；④同一产卵群体的洄游路线相同：尽管出生的先后顺序不同，但是同一产卵群体在同一生活史时期应该经过同一海区，因此根据已知的微量元素值计算适合的 SST 时只选择属于同一产卵群体的样本。

2. 过程实现

(1)孵化期推算。计算公式为 Hdate＝Cdate－Age，式中 Hdate 为样本孵化日期，Cdate 为样本捕捞日期，Age 为样本估算年龄。根据孵化日期对样本进行产卵群体划分。

(2)各取样点对应日期的推算。计算公式为 $Date_i = Hdate + Age_i$，式中，$Date_i$ 为每个样本各取样点处所处的日期，i 从 1～5；Hdate 为样本的孵化日期；Age_i 为每个样本各取样点处的日龄，i 从 1～5。

(3)微量元素与 SST 关系的建立。利用回归分析建立微量元素与 SST 的关系。

(4)根据已知不同生活史时期的微量元素值在数据库中找到适合的 SST 值及其对应的地理位置，利用 Marine explore 4.0 绘制地理分布图。

(5)以最大游泳速度(30km/d)界定茎柔鱼最大可移动范围，只有在此范围内且是适合的 SST 值所对应的地点才是样本可能出现的海区，每一个样本各有一个适合的海区，所有样本都出现的地方是最有可能分布的海区，概率为 1，而没有样本出现的地方概率为 0，依此类推。

(6)所有数据的处理与分析用 R2.13.1 软件编写程序完成，代码见附录。

5.2 茎柔鱼不同生活史时期耳石微量元素的分析

5.2.1 微量元素含量及其与 Ca 元素的比值

在茎柔鱼耳石中，Sr 元素是除 Ca 元素以外含量最大的元素，其含量为 $5871\sim6570$（平均 6186 ± 213）$\mu g/g$，Sr/Ca 为 $14.8\sim16.4$（平均 15.6 ± 0.5）$mmol\cdot mol^{-1}$；Ba 元素含量为 $4.5\sim9.5$（平均 6.7 ± 1.5）$\mu g/g$，Ba/Ca 为 $11.2\sim23.8$（平均 16.8 ± 3.9）$\mu mol\cdot mol^{-1}$；Mg 元素含量为 $30.9\sim93.9$（平均 61.3 ± 19.3）$\mu g/g$，Mg/Ca 为 $79\sim233$（平均 154 ± 48）$\mu mol\cdot mol^{-1}$；Na 元素含量为 $3382\sim5115$（平均 4174 ± 584）$\mu g/g$，Na/Ca 为 $8.6\sim12.8$（平均 10.5 ± 1.4）$mmol\cdot mol^{-1}$（表 5-3）。

表 5-3　LA-ICP-MS 法分析茎柔鱼耳石 4 种元素含量及其与 Ca 比值结果

微量元素	含量/($\mu g/g$)		element/Ca	
	范围	均值	范围	均值
Sr	$5871\sim6570$	6186 ± 213	$14.8\sim16.4 mmol\cdot mol^{-1}$	15.6 ± 0.5
Ba	$4.5\sim9.5$	6.7 ± 1.5	$11.2\sim23.8 \mu mol\cdot mol^{-1}$	16.8 ± 3.9
Mg	$30.9\sim93.9$	61.3 ± 19.3	$79\sim233 \mu mol\cdot mol^{-1}$	154 ± 48
Na	$3382\sim5115$	4174 ± 584	$8.6\sim12.8 mmol\cdot mol^{-1}$	10.5 ± 1.4

雌性和雄性茎柔鱼耳石 4 种微量元素含量无明显差异（$P>0.05$）。除 Mg 元素以外，茎柔鱼耳石其他 3 种元素在各生长期之间无明显差异（表 5-4）。

表 5-4　茎柔鱼耳石不同生长期之间 4 种微量元素 ANOVA 分析结果

微量元素	含量/($\mu g/g$)				P
	核心区	后核心区	暗区	外围区	
Sr	$5477\sim7218$	$5487\sim6868$	$5572\sim6275$	$5968\sim7433$	0.038
Ba	$3.5\sim10.5$	$3.7\sim13.9$	$3.8\sim9.4$	$5.1\sim15.7$	0.004
Mg	$32.3\sim383$	$29.1\sim94.2$	$26.6\sim68.7$	$22.7\sim547$	0.427
Na	$3589\sim5239$	$3616\sim5519$	$3380\sim5388$	$2982\sim4421$	0.000

注：茎柔鱼耳石各部位的形成与主要生长发育期相关，见 4.4.1.1 节。

5.2.2　不同生长期耳石微量元素与 Ca 的比值

耳石 Sr/Ca 在胚胎期较高，到稚鱼期减至最小，然后成鱼期逐渐增大[图 5-3(a)]；耳石 Sr/Ca 在胚胎期和成鱼期明显高于稚鱼期($P<0.05$)，其他生长期之间无明显差异($P>0.05$)。耳石 Ba/Ca 在成鱼期明显高于其他各生长期[图 5-3(b)，$P<0.01$]，其他生长期之间无明显差异($P>0.05$)。耳石 Mg/Ca 在胚胎期至成鱼期逐渐减小[图 5-3(c)]，Mg/Ca 在胚胎期显著高于其他各期($P<0.01$)，其他生长期之间无明显差异($P>0.05$)。耳石 Na/Ca 在成鱼期明显低于其他各期[图 5-3(d)，$P<0.01$]，其他生长期之间无明显差异($P>0.05$)。

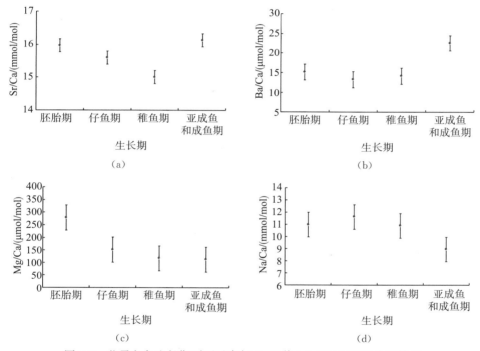

图 5-3　茎柔鱼各生长期耳石元素与 Ca 比值 LA-ICP-MS 法分析结果

5.2.3　不同产卵群体的耳石微量元素与 Ca 的比值

茎柔鱼冬季和秋季产卵个体胚胎期耳石的 Sr/Ca 差异明显[图 5-4(a)，$P<0.05$]；秋季、冬季和春季产卵的仔鱼耳石 Sr/Ca 与相应胚胎期 Sr/Ca 变化趋势一致，但是不同产卵群体的仔鱼耳石的 Sr/Ca 无明显差异[图 5-4(a)，$P>0.05$]。不同产卵群体仔鱼期的耳石 Ba/Ca 无明显差异[图 5-4(b)，$P>0.05$]。秋季产卵个体胚胎期耳石 Mg/Ca 相对高于其他季节产卵的个体[图 5-4(c)，$P<0.05$]；但是不同产卵群体的其他生长期个体的 Mg/Ca 变化很小[图 5-4(c)，$P>0.05$]。不同产卵群体的各生长期耳石 Na/Ca 无显著差异[图 5-4(d)，$P>0.05$]。

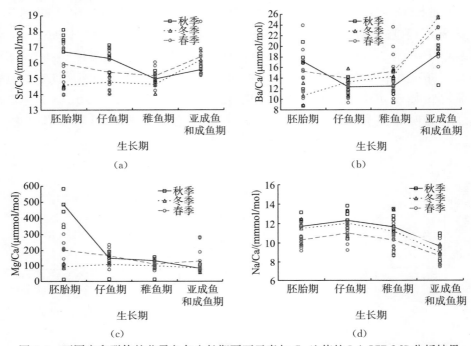

图 5-4　不同产卵群体的茎柔鱼各生长期耳石元素与 Ca 比值的 LA-ICP-MS 分析结果

5.2.4　不同采样区茎柔鱼耳石微量元素与 Ca 的比值

成鱼期茎柔鱼耳石 Sr/Ca 随着纬度增加而减小，但是变化不显著[图 5-5(a)，$P>0.05$]。不同采样区成鱼期耳石 Ba/Ca 和 Mg/Ca 分布相似，即中部水域值高于南部和北部水域[图 5-5(b)，(c)]。而成鱼期耳石 Na/Ca 随纬度变化基本保持不变[图 5-5(d)，$P>0.05$]。

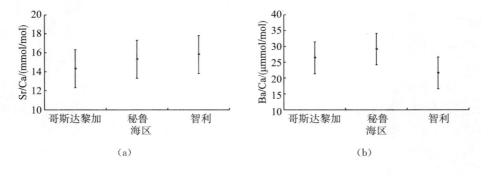

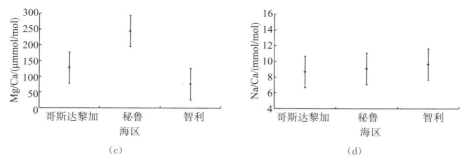

图 5-5　不同采样区茎柔鱼耳石微量元素与 Ca 比值 LA-ICP-MS 分析结果

5.3　基于生长初期的耳石微量元素分析茎柔鱼种群结构

5.3.1　产卵群划分

32 尾茎柔鱼样本(雌性 24 尾,雄性 8 尾)胴长为 250～989mm,体重 450～36500g(表 5-1)。通过轮纹计数得最小日龄 156d,最大日龄 513d(表 5-1)。结合捕捞日期推算得孵化期为全年,根据孵化期将北半球(哥斯达黎加外海)归为冬季产卵群,而南半球(秘鲁外海和智利外海)分为春季、秋季和冬季 3 个产卵群(表 5-1)。

5.3.2　不同地理群体 element/Ca 差异

在茎柔鱼耳石核心区和后核心区,Sr 元素是除 Ca 元素以外含量最高的元素(表 5-5)。哥斯达黎加外海、秘鲁外海和智利外海茎柔鱼耳石核心区的 Na/Ca 和 Ba/Ca 与后核心区的 Na/Ca 和 Ba/Ca 显著不同($P<0.05$,表 5-5),而其他元素无明显差异($P>0.05$,表 5-5)。除 Ba/Ca 以外($P<0.05$),其他各元素雌雄差异不显著。不同样本之间的 Mg/Ca、Mn/Ca、Cu/Ca 和 Zn/Ca 波动较大(表 5-5)。

表 5-5　不同地理区域茎柔鱼耳石核心区和后核心区微量元素方差分析

element/Ca	核心区				后核心区			
	哥斯达黎加外海	秘鲁外海	智利外海	P	哥斯达黎加外海	秘鲁外海	智利外海	P
Na/Ca(mmol·mol^{-1})	9.4±0.7	10.4±0.9	10.9±1.3	0.014	10.7±1.3	10.9±1.0	11.6±1.3	0.187
Mg/Ca(μmol·mol^{-1})	393±305	380±155	272±250	0.412	233±95	205±67	153±49	0.037
Mn/Ca(μmol·mol^{-1})	9.3±5.0	6.3±4.8	5.2±3.4	0.125	4.4±3.4	4.7±3.7	2.7±1.9	0.205

element/Ca	核心区				后核心区			
	哥斯达黎加外海	秘鲁外海	智利外海	P	哥斯达黎加外海	秘鲁外海	智利外海	P
Cu/Ca(μmol·mol^{-1})	1.3±0.9	3.8±6.3	3.5±6.0	0.572	1.1±0.8	1.0±1.1	0.9±1.0	0.871
Zn/Ca(μmol·mol^{-1})	7.2±6.4	10.3±10.4	27.1±42.6	0.203	6.0±4.5	3.0±2.2	2.0±1.6	0.009
Sr/Ca(mmol·mol^{-1})	15.8±0.7	15.6±1.1	16.0±1.4	0.653	15.7±0.8	15.3±0.7	15.5±1.2	0.667
Ba/Ca(μmol·mol^{-1})	25.4±14.6	12.8±2.6	15.9±5.4	0.006	22.5±11.2	11.4±1.8	13.8±6.7	0.005

　　判别分析显示，利用前两个判别函数可将不同地理区域的茎柔鱼分开（图 5-6）。对耳石核心区微量元素的判别分析显示，判别函数 1 和判别函数 2 分别解释 59.6% 和 40.5% 的变化率[图 5-6(a)]，Mg/Ca 对种群判别的贡献率最高，其次为 Zn/Ca 和 Cu/Ca，Sr/Ca 最少（表 5-6），交互检验所得正确判别率为 78.8%（随机检验 $P<0.05$），其中秘鲁外海和智利外海的正确判别率为 80% 以上（表 5-7）。对耳石后核心区微量元素的判别分析显示，判别函数 1 和判别函数 2 分别解释 70.4% 和 29.6% 的变化率[图 5-6(b)]，Mg/Ca 和 Ba/Ca 对种群判别的贡献率最高（表 5-6）。尽管耳石后核心区的微量元素对茎柔鱼不同地理种群的判别率达到了 69.7%，随机检验也显著（$P<0.05$），但是仍有 50% 的哥斯达黎加外海茎柔鱼被错误地判别至秘鲁外海和哥斯达黎加外海（表 5-7）。

表 5-6　标准化的不同地理群体茎柔鱼胚胎期和仔鱼期耳石微量元素判别函数系数

取样点	element/Ca	判别函数 1	判别函数 2
核心区	Na/Ca	0.653	0.135
	Mg/Ca	−0.893	−1.367
	Mn/Ca	0.075	−0.650
	Cu/Ca	−0.217	−0.904
	Zn/Ca	0.795	0.928
	Sr/Ca	0.293	0.329
	Ba/Ca	−0.481	0.721
后核心区	Na/Ca	−0.663	0.308
	Mg/Ca	0.659	0.596
	Mn/Ca	0.205	−0.356
	Cu/Ca	−0.127	0.014
	Zn/Ca	0.370	0.171
	Sr/Ca	0.219	0.181
	Ba/Ca	0.268	0.775

注：系数代表元素贡献率。

表 5-7　不同地理群体交互检验法结果

取样点	观察地理群体	预测地理群体			判别率
		哥斯达黎加外海	秘鲁外海	智利外海	
核心区	哥斯达黎加外海	62.5%	25.0%	12.5%	78.8%
	秘鲁外海	0.0%	83.3%	16.7%	
	智利外海	0.0%	15.4%	84.6%	
后核心区	哥斯达黎加外海	50.0%	37.5%	12.5%	69.7%
	秘鲁外海	0.0%	83.3%	16.7%	
	智利外海	7.7%	23.1%	69.2%	

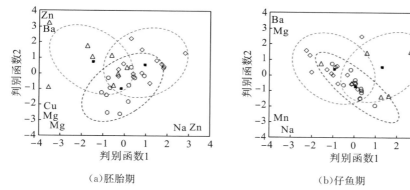

图 5-6　不同地理群体茎柔鱼胚胎期和仔鱼期耳石微量元素判别分析（三角形、
圆形和菱形分别为哥斯达黎加外海、秘鲁外海和智利外海群体，椭圆表示 95% 置信区间）

5.3.3　不同产卵群体 element/Ca 差异

由于北半球哥斯达黎加外海耳石微量元素样本除了 1 尾早春孵化的样本外，其余均属于冬季孵化群体，故无法做判别分析。南半球秘鲁外海和智利外海耳石核心区微量元素的判别分析显示，判别函数 1 和判别函数 2 分别解释 3 个产卵群体间 60.0% 和 40.0% 的变化率[图 5-7(a)，表 5-8]，各元素的贡献率比较均等，交互检验所得正确判别率为 79.2%（随机检验 $P < 0.05$，表 5-9）。耳石后核心区微量元素的判别分析显示，判别函数 1 和判别函数 2 分别解释 3 个产卵群体间 86.4% 和 13.6% 的变化率[图 5-7(b)，表 5-8]，Sr/Ca 对种群判别的贡献率最高，其次为 Mg/Ca，Cu/Ca 最低，而正确判别率只有 58.3%（表 5-9）。

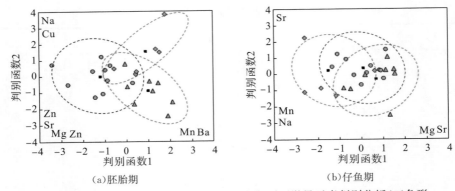

（a）胚胎期　　　　　　　　　　　（b）仔鱼期

图 5-7　不同产卵群体茎柔鱼胚胎期和仔鱼期耳石微量元素判别分析（三角形、
圆形和菱形分别为春季、秋季和冬季产卵群体，椭圆表示 95％置信区间）

表 5-8　标准化的不同产卵群体茎柔鱼胚胎期和仔鱼期耳石微量元素判别函数系数

取样点	element/Ca	判别函数 1	判别函数 2
	Na/Ca	0.525	0.968
	Mg/Ca	−1.574	0.187
	Mn/Ca	0.923	0.435
核心区	Cu/Ca	0.383	0.655
	Zn/Ca	−0.969	−0.583
	Sr/Ca	0.125	−0.654
	Ba/Ca	0.927	−0.476
	Na/Ca	−0.654	−0.131
	Mg/Ca	0.553	0.513
	Mn/Ca	−0.652	0.305
后核心区	Cu/Ca	−0.431	−0.015
	Zn/Ca	0.296	0.424
	Sr/Ca	0.859	0.664
	Ba/Ca	0.482	−0.203

注：系数代表元素贡献率。

表 5-9　不同产卵群体交互检验法结果

取样点	观察产卵群体	预测产卵群体			判别率
		春季	秋季	冬季	
	春季	87.5％	0.0％	12.5％	
核心区	秋季	18.2％	81.8％	0.0％	79.2％
	冬季	20.0％	20.0％	60.0％	
	春季	50.0％	25.0％	25.0％	
后核心区	秋季	36.4％	54.5％	9.1％	58.3％
	冬季	20.0％	0.0％	80.0％	

5.4 利用 Sr/Ca 和 Ba/Ca 重建茎柔鱼的洄游路线

5.4.1 温度与微量元素关系

对智利外海样本捕捞地点 SST 与耳石外围 7 种微量元素进行回归分析显示，Sr/Ca 和 Ba/Ca 组合与 SST 关系最显著，标准误差最小（表 5-10），关系方程如下：SST=33.85−0.9996[Sr]+0.11040[Ba]，[Sr]和[Ba]为 Sr 和 Ba 的含量。方差分析结果见表 5-11，回归系数见表 5-12。

表 5-10　不同元素组合与 SST 回归结果

元素组合	R^2	标注误差	F	P
Sr	0.466	0.781	8.71	0.01451
Sr、Ba	0.841	0.449	23.85	0.00025
Sr、Ba、Mg	0.857	0.451	16.00	0.00097
Sr、Ba、Mg、Na	0.857	0.483	10.50	0.00440
Sr、Ba、Mg、Na、Mn	0.873	0.492	8.23	0.01164
Sr、Ba、Mg、Na、Mn、Cu	0.881	0.521	6.17	0.03224
Sr、Ba、Mg、Na、Mn、Cu、Zn	0.882	0.579	4.28	0.08907
Sr、Mg	0.470	0.820	3.97	0.05758
Sr、Mg、Na	0.489	0.853	2.56	0.12841
Sr、Mg、Na、Mn	0.511	0.893	1.83	0.22768
Sr、Mg、Na、Mn、Cu	0527	0.948	1.34	0.36267
Sr、Mg、Na、Mn、Cu、Zn	0.535	1.030	0.96	0.52999
Sr、Na	0.480	0.812	4.15	0.05271
Sr、Na、Mn	0.480	0.861	2.46	0.13697
Sr、Na、Mn、Cu	0.513	0.891	1.85	0.22476
Sr、Na、Mn、Cu、Zn	0.532	0.944	1.36	0.35497
Sr、Mn	0.466	0.823	3.92	0.05951
Sr、Mn、Cu	0.492	0.851	2.59	0.12574
Sr、Mn、Cu、Zn	0.511	0.893	1, 83	0.22837
Sr、Cu	0.480	0.812	4.16	0.05267
Sr、Cu、Zn	0.493	0.850	2.59	0.12491
Sr、Zn	0.466	0.823	3.93	0.05945

表 5-11 SST 与 Sr/Ca 和 Ba/Ca 回归分析的方差分析表

	df	SS	MS	R^2	标注误差	F	P
回归分析	2	9.599	4.800	0.841	0.449	23.845	0.00025
残差	9	1.812	0.201				
总计	11	11.411					

表 5-12 SST 与 Sr/Ca 和 Ba/Ca 回归分析的回归系数表

	系数	标准误	t	P	95%置信区间	
					上限	下限
截距	33.85	2.9922	11.31	1.27×10^{-6}	27.09	40.62
Sr 斜率	−0.9996	0.1813	−5.51	0.00037	−1.41	−0.59
Ba 斜率	0.1104	0.0239	4.62	0.00126	0.06	0.16

5.4.2 各生活史时期取样点的年龄及其对应日期

日龄数据结合捕捞日期推算，智利外海样本产卵期为冬季、春季和秋季（表 5-1）。根据本章第一节的假设，选取产卵期同为春季的样本计算仔鱼、稚鱼、亚成鱼和成鱼期耳石取样点，其对应的日龄分别为 18~31d、39~73d、113~138d 和 143~160d，结合孵化日期推算的对应日期主要分别在 10 月、11 月、1月和 2 月（表 5-13）。

表 5-13 样本各生活史时期取样点对应日龄和日期

样本号	各生活史时期取样点对应日龄/d					各生活史时期取样点对应日期(年/月/日)				
	胚胎期	仔鱼期	稚鱼期	亚成鱼期	成鱼期	胚胎期	仔鱼期	稚鱼期	亚成鱼期	成鱼期
61a	0	31	58	115	143	2007/9/28	2007/10/29	2007/11/25	2008/1/21	2008/2/18
88a	0	28	61	120	153	2007/9/8	2007/10/6	2007/11/8	2008/1/6	2008/2/8
294a	0	25	65	123	158	2007/11/10	2007/12/5	2008/1/14	2008/3/12	2008/4/16
316a	0	29	73	138	160	2007/9/6	2007/10/5	2007/11/18	2008/1/22	2008/2/13
321a	0	18	39	115	144	2007/10/5	2007/10/23	2007/11/13	2008/1/28	2008/2/26
69b	0	31	55	113	160	2007/9/9	2007/10/10	2007/11/3	2007/12/31	2008/2/16
75b	0	30	53	116	154	2007/10/29	2007/11/28	2007/12/21	2008/2/22	2008/3/31

5.4.3　不同生活史时期耳石微量元素含量

样本胚胎期耳石 Sr/Ca 为 14.01～17.02，Ba/Ca 为 10.14～35.37；仔鱼期耳石 Sr/Ca 为 14.23～16.94，Ba/Ca 为 8.34～14.97；稚鱼期耳石 Sr/Ca 为 14.31～16.78，Ba/Ca 为 8.79～29.46；亚成鱼期耳石 Sr/Ca 为 14.65～18.12，Ba/Ca 为 13.08～25.35；成鱼期耳石 Sr/Ca 为 16.21～17.57，Ba/Ca 为 15.28～31.26（表 5-14）。

表 5-14　样本各生活史时期取样点 Sr/Ca 和 Ba/Ca

样本号	胚胎期		仔鱼期		稚鱼期		亚成鱼期		成鱼期	
	Sr/Ca	Ba/Ca	Sr/Ca	Ba/Ca	Sr/Ca	Ba/Ca	Sr/Ca	Ba/Ca	Sr/Ca	Ba/Ca
61a	14.24	10.44	14.53	12.50	14.31	8.79	14.96	19.35	16.21	22.02
88a	14.01	35.37	15.05	12.79	16.78	15.93	18.12	15.92	16.29	19.29
294a	14.85	10.14	14.23	8.34	15.82	13.89	15.23	15.07	16.61	31.26
316a	16.60	12.46	15.88	11.78	15.99	18.01	14.65	16.25	17.57	20.45
321a	16.19	9.35	16.94	14.97	15.55	29.46	16.58	25.35	16.36	15.28
69b	16.79	12.93	15.61	12.91	14.61	15.74	15.58	13.08	16.31	18.95
75b	17.02	12.60	14.58	9.29	16.37	20.06	16.98	20.39	16.79	30.46

5.4.4　不同生活史时期茎柔鱼的空间分布

样本捕捞地点位于 74°～77°W、22°～24°S 海域，根据 Sr/Ca 和 Ba/Ca 推算的成鱼期最有可能出现在 74°～77°W、27°～29°S，亚成鱼期最有可能出现在智利中部 28°S 附近的沿岸海域，稚鱼期最有可能出现在智利北部、秘鲁南部的 20°S 沿岸海域（图 5-8）。

将捕捞地点以及成鱼、亚成鱼和稚鱼出现概率最高的海区连接起来，推算出洄游路线为：稚鱼 11 月在智利北部沿岸保育，1 月向南洄游至智利中部 28°S 沿岸，2 月向西洄游至专属经济区以外 74°～77°W、27°～29°S，9～10 月向北洄游至 74°～77°W、22°～24°S（图 5-9）。

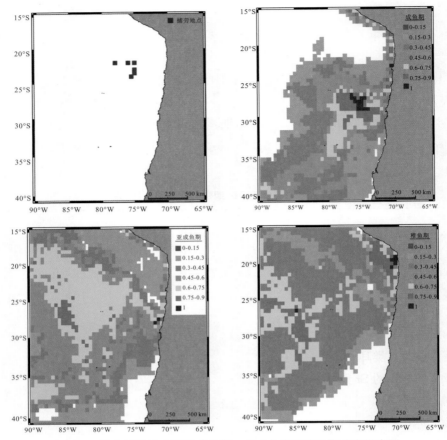

图 5-8   样本捕捞地点以及成鱼期、亚成鱼期和稚鱼期分布概率图

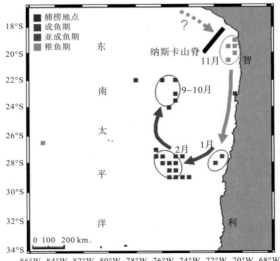

图 5-9   茎柔鱼洄游路线图

5.5　讨论与小结

5.5.1　讨论

5.5.1.1　耳石微量元素

柔鱼类耳石微结构由核心区、后核心区、暗区和外围区等四部分组成。耳石各微区的形成与柔鱼类主要个体发育期息息相关。核心区是位于孵化轮以内的区域，即代表胚胎期的耳石，后核心区代表仔鱼期的耳石，暗区代表稚鱼期耳石，而外围区代表亚成鱼和成鱼期的耳石。Arkhipkin 和 Murzov(1986)的分析结果直接证明了茎柔鱼耳石后核心区形成于仔鱼期。据上所论，本章通过分析茎柔鱼不同生长期耳石的微量元素与 Ca 的比值来探索其经历的环境变化。

19 世纪 90 年代至 20 世纪初，质子 X 射线荧光分析(proton-induced X-ray emission，PIXE)法和电子探针微区分析(electron probe micro analysis，EPMA)法是分析头足类耳石微量元素的两种最常用方法。然而，这些研究方法只能准确分析含量较高的 Sr 元素。近年来，为了检测 Ba、Mg 和 Mn 等含量较低的元素，LA-ICP-MS 法因其空间分辨率高、检测限低而应用越来越广泛。

Sr 是头足类耳石沉积的关键元素(Lipinski et al.，1993)。茎柔鱼耳石 Sr/Ca (14.8～16.4mmol·mol^{-1})大于太平洋褶柔鱼的 8.5～10mmol·mol^{-1}(Ikeda et al.，2003)、巴塔哥尼亚枪乌贼的 8.0mmol·mol^{-1}(Arkhipkin et al.，2004)和鳔乌贼的 6.3～8.1mmol·mol^{-1}(Zumholz，2005)。茎柔鱼耳石核心至外围区域 Sr/Ca 呈"U"形分布，这在柔鱼(Yatsu et al.，1998)和鳔乌贼耳石中也有发现(Zumholz et al.，2007)。茎柔鱼仔稚鱼期生活在海表层，到亚成鱼期和成鱼期可下潜至 1200m 水层生活，而仔稚鱼在表层水域生活的极限温度通常为 15～32℃，深层水域极限水温通常为 4.0～4.5℃(Nigmatullin et al.，2001)，因此茎柔鱼个体发育期内的垂直移动导致生活水温降低，其成鱼期耳石仔鱼期 Sr/Ca 低于仔鱼期。这种 Sr/Ca 与水温的反比例关系也被其他学者的研究所证明(Arkhipkin et al.，2004)。

由于本书研究所用的样本均是性未成熟的个体(性腺成熟度为Ⅰ和Ⅱ级)，并且除了 1 尾胴长 122mm 的个体外，其余均为成体[胴长＞150～180mm 为成体(Yatsu et al.，1999)]，据此，我们假定样本已定居在索饵场(成体，且未性成熟)，而未开始向产卵场(性成熟)移动。因此，排除水平洄游导致的环境变化，茎柔鱼耳石 Sr/Ca 的变化是否与成体栖息的纬度有关？尽管不同采样海域耳石 Sr/Ca 无明显差异（$P>0.05$），但是从智利外海到哥斯达黎加外海耳石 Sr/Ca 仍然逐渐增大[图 5-5(a)]，这与水温成反比。不同产卵群体的茎柔鱼仔鱼、稚鱼和成鱼耳石 Sr/Ca 差异不明显（$P>0.05$）。秋季产卵的茎柔鱼仔鱼耳石 Sr/Ca 最高[图 5-4(a)]，然而到成鱼期却降至最低，由此可推断，不同产卵季节的茎柔鱼生命周期内经历的水环境变化不同。

胚胎期即孵化开始前的一个发育期，它以自身携带的卵黄囊为营养物质，此时耳石的微量元素与亲体的遗传因素相关，而与外界水环境无关。Yatsu 等（1998）研究认为，柔鱼胚胎期耳石 Sr、Ca 元素含量变化原因与其他发育期不同。Bustamante 等（2002）指出，乌贼胚胎外层的保护膜能够有效阻止水环境中的金属离子如 Zn^{2+}、Ca^{2+} 等进入胚胎。对大麻哈鱼（Kalish，1990）和黵乌贼（Zumholz et al.，2007）的研究同样发现，胚胎期耳石较高的 Sr/Ca 值与生活水环境无关，而与卵黄囊相关。此外研究还发现，秋季和冬季产卵的茎柔鱼的胚胎期耳石 Sr/Ca 值存在明显差异[图 5-4(a)，$P<0.05$]。因此，可尝试用 Sr/Ca 来区分孵化期为秋季和冬季的茎柔鱼种群。

茎柔鱼耳石 Ba/Ca（$11.2\sim23.8$ mmol·mol^{-1}）高于黵乌贼的 $5.7\sim8.2$ mmol·mol^{-1}（Zumholz，2005）和巴塔哥尼亚枪乌贼的 $3.0\sim8.0$ mmol·mol^{-1}（Arkhipkin et al.，2004），这可能是种间差异所导致。海水中 Ba 元素的含量随着水深增加而增加，因此在珊瑚和头足类中它可看成上升流的指标元素（Arkhipkin et al.，2004）。Arkhipkin 等（2004）研究认为，马尔维纳斯群岛周围大陆架海域上升流的强度直接影响该海域巴塔哥尼亚枪乌贼耳石 Ba 元素的含量。实验数据证明腹足类胎壳（Zacherl et al.，2003）和鱼类耳石（Bathet al.，2000）中的 Ba/Ca 与海水中的成正比。Ba/Ca 被看成头足类垂直移动的指标元素（Arkhipkin et al.，2004）。因此茎柔鱼耳石仔鱼至成鱼期耳石 Ba/Ca 逐渐增加反映了其由表层下潜至深层水域活动的生活史过程。类似的研究结果在黵乌贼中也得到了验证（Zumholz，2005）。

Mg 元素是头足类耳石生物矿化过程中又一重要元素，其含量高低与耳石中有机物成分多少有关，并随着耳石增大而减小。Zumholz（2005）研究认为，黵乌贼耳石 Mg/Ca 分布式样（核心高，向耳石边缘逐渐减小）与耳石生长率逐渐减小有关，因此茎柔鱼耳石 Mg/Ca 核心高、外围低可能也与此有关。Arkhipkin 等（2004）指出，与珊瑚骨骼相似（Mitsuguchi et al.，1996），巴塔哥尼亚枪乌贼 Mg/Ca 与水温成呈正相关，然而本书研究显示茎柔鱼耳石 Mg/Ca 无明显相关性[图 5-5(c)]。此外研究还发现，秋季产卵的茎柔鱼胚胎期耳石 Mg/Ca 明显高于其他产卵群体[图 5-4(c)，$P<0.05$]。因此，可尝试用 Mg/Ca 来划分茎柔鱼的产卵群体。

5.5.1.2　种群鉴定

近年来，海洋动物硬组织，如双壳类的贝壳、鱼类的耳石、蛸类的内骨针以及柔鱼类的角质颚和耳石中的微量元素和同位素等地球化学自然标记被成功地应用于种群鉴定的研究中。海洋动物早期幼体时期形成的硬组织所携带的自然标记往往反映了其出生地或者出生地附近的环境特征，因此无脊椎动物早期幼体耳石的微量元素被看作是用来研究种群结构的天然标记。研究证明，鱼类成鱼耳石中形成于孵化前的部分，其间的微量元素与鱼类早期幼体耳石中的微量元素用来判定种群的效果相同（Forrester et al.，2002；Hamer et al.，2005），这在头足类耳石中也得到了验证（Warner et al.，2009）。头足类与鱼类相似，不同栖息水环境的物理和化学特性的差异会反映到其耳石当中，因此耳石微量元素常被看作头足类出生地鉴定的自然标记（Bath et al.，2000）。例如，太平洋褶柔鱼 *Todarodes pacificus* 的对马种群和亚北极种群个体发育期耳石的微量元素差异明显（Ikeda et al.，2003）。Arkhipkin 等（2004）报道称，巴塔哥尼亚枪乌贼 *Loligo gahi* 不同地理和产卵种群整个耳石的微量元素差异显著。然而，Ashford 等（2006）对 Arkhipkin 等（2004）的方法提出质疑，他们认为，如果研究对象平时在不同地理环境下生活，而产卵时回到同一海区产卵，若仍然采用整体耳石的微量元素来判定种群，就有可能将 1 个种群划分成多个种群。在这种情况下，群体间的耳石微量元素差异不是来自种群自身，而是来自同一种群经历的不同水环境。因此，选取早期生活史时形成的耳石作为材料，分析其微量元素可能比整个耳石更可靠。而以往的研究证明，柔鱼科头足类典型的耳石微结构分别与主要的生活史时期相关（Arkhipikn，2003）。耳石核心区是位于孵化轮以内的区域，它与胚胎期相关，而后核心区是核心区以外紧临核心区的区域，它与仔鱼期相关（Arkhipikn，2003）。根据这一结论，本书研究选取成体茎柔鱼耳石的核心区和后核心区分别进行微量元素测试，并以此划分茎柔鱼不同地理和产卵种群。

LA-ICP-MS 分析发现，哥斯达黎加外海、秘鲁外海和智利外海茎柔鱼胚胎期耳石 Na/Ca 和 Ba/Ca 差异明显。哥斯达黎加外海 Na/Ca 含量很高（$P<0.05$），据此可将其与秘鲁外海和智利外海分开。在头足类栖息环境的研究中 Ba/Ca 被认为是上升流的重要指标。例如，Arkhipkin 等（2004）认为，马尔维纳斯群岛周边大陆架水域强烈的上升流导致生活在该海域的巴塔哥尼亚枪乌贼耳石中的 Ba 元素含量很高。本章在哥斯达黎加外海的采样点（$6°36'\sim9°30'$N，$91°48'\sim99°30'$W，见表 4-1）位于上升流盛行的哥斯达黎加冷水圈边缘，上升流带来丰富的饵料促使大量成熟亲体和仔鱼在此聚集形成重要产卵场（Vecchione，1999），在此海域采集样本的胚胎期耳石 Ba/Ca 明显高于秘鲁和智利可能与此关系密切（$P<0.05$）。

此外，仔鱼期耳石中 Ba/Ca 也较高（$P < 0.05$），这说明茎柔鱼仔鱼可能停留或在产卵场附近保育。哥斯达黎加外海采样区不仅是重要的产卵场，而且是茎柔鱼仔鱼的重要肥育场，因为强烈的上升流为茎柔鱼仔鱼带来丰富的饵料。茎柔鱼 Ba 元素可能与毛利蛸 *Octopus maorum* 孵化前内骨针中 Co 和 Ni 元素相似（Doubleday et al.，2008），其含量显著的性别差异一定程度上由茎柔鱼自身生理作用和生活环境不同造成的可能性要大于性别本身。

尽管有研究证明，耳石 Sr/Ca 与水温呈负相关（Arkhipkin et al.，2004），但是本书研究并未发现，水温不同的哥斯达黎加、秘鲁和智利外海的茎柔鱼胚胎和仔鱼期耳石中 Sr/Ca 有显著差异。类似的结果在其他研究中也有发现（Liu et al.，2011；Ikeda et al.，2002）。此外，本章通过 LA-ICP-MS 分析的 Mg/Ca、Mn/Ca、Zn/Ca 和 Cu/Ca 在个别样本之间波动较大，这与 ICP-MS 分析的整个耳石的含量一致，因此不属于测试误差。

头足类胚胎期是孵化前的一个发育期，此时胚胎表面具有一层保护膜，它可以阻止金属元素的吸收（Bustamante et al.，2002）。胚胎期幼体靠自带的卵黄囊给予营养，此时幼体耳石中的微量元素受母体遗传因素影响，而与外界环境无关（Zumholz，2005），这一观点同时也得到了其他学者的认可（Zumholz et al.，2007；Yatsu et al.，1998）。因此，分析胚胎期耳石中的微量元素可将不同地理区域和产卵季节的茎柔鱼种群区分开，判别成功率分别为 78.8% 和 79.2%。Warner 等（2009）对加利福尼亚湾的乳光枪乌贼 *Doryteuthis opalescens* 进行了类似的研究，他们认为耳石核心处的微量元素可用来判定不同地理种群。Doubleday 等（2008）研究发现，苍白蛸初孵幼体的内骨针微量元素空间差异明显。

仔鱼期是胚胎期之后的一个时期，此时幼体没有自主游泳能力，只能随着海流漂流。通过微量元素提取的信息反映此时幼体所经历的环境。通过仔鱼期耳石微量元素判别的地理和产卵种群成功率分别为 69.7% 和 58.3%，要明显小于利用胚胎期耳石微量元素的判别成功率。即使是来自同一种群的仔鱼，海流流动方向时间上的变化导致不同时期出生的仔鱼随海流流动的路线不同，经历的环境有所变化，因而降低了仔鱼期耳石微量元素反映其母源的信息量。

茎柔鱼广泛分布于东太平洋海域，其种群结构复杂，分别根据体长结构和洄游特征被分为小、中、大 3 个体型群和南、北半球 2 个地理群（Clarke and Paliza，2000）。Sandoval-Castellanos 等（2007）通过随机扩增多态性 DNA 法分析，将智利、秘鲁和墨西哥海域的茎柔鱼也分为南、北两个地理群，同为南部群体的智利和秘鲁海区域茎柔鱼遗传分化不明显。闫杰等（2011）同样通过分子遗传学方法分析认为，仅部分哥斯达黎加外海茎柔鱼与秘鲁外海的茎柔鱼遗传分化明显。因此，我们认为哥斯达黎加外海与墨西哥海域一样属于北半球种群，秘鲁外海和智利外海茎柔鱼属于南部种群，同时南半球的秘鲁外海和智利外海又存在不同体型群和产卵群。Mg/Ca 可用作区分不同地理种群的重要指标，而 Sr/Ca 更适合用来判断不同季节的产卵种群。因此，利用早期幼体耳石微量元素划分茎柔鱼种群，为头足类种群的研究提供了新方法和新思路。

5.5.1.3　洄游路线重建

头足类洄游普遍出现在其生命史的各个阶段，从鱼卵仔鱼随海流的被动漂移，到成鱼的昼夜垂直移动和数千公里的索饵−产卵洄游，大洋性柔鱼类生命史各个阶段的洄游与食物、海水温度、海流等海洋环境息息相关（O'Dor and Balch，1985；O'Dor，1992）。头足类洄游与移动的研究方法可概括为标记重捕、电子标记、化学标记、自然标记和渔船标记 5 类（Semmerns et al.，2007）。近年来随着地球微化学分析手段的发展，耳石微量元素的化学标记被逐步应用到鱼类的洄游研究中，而在头足类的水平洄游的研究中鲜有报道。

近年来，海洋环境因子（主要为水温）与耳石微量元素和同位素标记相结合，被逐渐应用到头足类的洄游研究当中。Zumholz（2005）通过微量元素分析，证实了黵乌贼幼年期生活在表层水域，而成年期生活在深层水域并向冷水区进行洄游。该方法优点在于样本容易获取，但值得注意的是要合理选择实验方法。

头足类耳石微量元素的沉积与水温关系密切。研究认为，日本北海道北部沿岸水域的水蛸 Enteroctopus dofleini 耳石 Sr 含量与其生活的底层水温呈明显的负相关（Ikeda et al.，1999）。巴塔哥尼亚枪乌贼耳石中的 Sr/Ca 和 Ba/Ca 与水温呈负相关，Mg/Ca 和 Mn/Ca 与水温呈正相关（Arkhipkin et al.，2004）。乌贼耳石中 Ba/Ca 与温度呈负相关，I/Ca 与温度呈正相关（Zumholz et al.，2007）。本章将茎柔鱼耳石主要微量元素与 SST 采用线性回归显示，SST 与 Sr/Ca 和 Ba/Ca 的关系最显著，标准误最小。Sr 是头足类耳石中除 Ca 以外含量最高的元素，它在耳石的沉积过程中扮演重要角色（Hanlon et al.，1989）。头足类的洄游路线与其不同生活史时期所需食物的时空变化有关（Keyl et al.，2008），然而头足类仔鱼的游泳能力很弱，其运动方式是随海流飘动的被动洄游，而不是根据食物来选择适合的游动路线，因此要分析仔鱼期的游动路线需要结合流场数据进行分析。茎柔鱼的卵属浮性卵，无游泳能力，且它们的微量元素与亲体有关而与外界环境关系不大，因此无法根据胚胎期耳石微量元素推算茎柔鱼的产卵场，需根据海流的流动方向和速度直接推算。

综合上述分析，本章根据稚鱼、亚成鱼和成鱼 3 个生活史时期的耳石微量元素推算出，智利海域的茎柔鱼稚鱼期在智利北部沿岸 20°S 保育，亚成鱼期向南洄游至智利中部沿岸 28°S，成鱼期向西洄游至专属经济区以外 74°~77°W、27°~

29°S，最后再向北洄游至 74°～77°W、22°～24°S 的索饵场，总体遵循南北和东西向的洄游原则。同样的洄游模式也出现在厄瓜多尔和秘鲁海域，茎柔鱼不仅沿南美洲大陆沿岸作南北向洄游移动，同时还从外海的深水区向浅海区做东西向的洄游移动。Keyl 等（2008）分析南半球秘鲁寒区的中型和大型群的洄游路线认为，20°S 纳斯卡山脊（Nazca Ridge）阻止了秘鲁中型群向南洄游，而大型群可以穿过该海域，而本书推测的智利大型群的稚鱼刚好出现在 20°S 以南海域，故而推测产卵场可能位于 20°S 以北的秘鲁沿岸（图 5-9）。

5.5.2 小结

建立了茎柔鱼耳石微区微量元素的 LA-ICP-MS 分析法，从时间系列上分析了茎柔鱼胚胎期、仔鱼期、稚鱼期、亚成鱼期和成鱼期耳石的微量元素。除 Mg 元素以外，Sr、Ba、Na 元素各生长期之间差异明显，说明茎柔鱼不同生活史时期经历的水环境变化明显。不同生活史时期 Sr/Ca 和 Ba/Ca 的分布特征，验证了茎柔鱼生长发育过程中的垂直移动特性，即仔稚鱼期在表层水域生活，亚成鱼期和成鱼期下潜至深层水域生活。不同产卵群体胚胎期 Sr/Ca 和 Mg/Ca 的差异，证明了利用早期生活史时期耳石微量元素判定种群结构的可能性。通过 Sr/Ca 和 Ba/Ca 与水温关系的分析认为，Sr 和 Ba 元素可看作是茎柔鱼生活水温的指示元素。研究结果为利用耳石微量元素判定茎柔鱼种群结构以及重建其洄游路线提供了理论基础。

建立了基于早期生活史时期耳石微量元素研究茎柔鱼种群的新方法，该方法首先通过判别分析对不同群体的耳石微量元素进行判别，然后通过交互检验法获取判别率，以判别函数系数及其均值计算 95％椭圆置信区间，最后通过随机检验验证判别是否由随机误差造成。该方法的完成与实现，弥补了传统形态学和分子遗传学方法的鉴定茎柔鱼种群方面的不足，同时也为头足类动物的种群结构研究提供了借鉴。本章研究显示，胚胎期和稚鱼期耳石微量元素都适合用来鉴定茎柔鱼种群，但是胚胎期耳石因其微量元素信息受到外部环境干扰较小，因此比仔鱼期耳石更适合用来鉴定茎柔鱼种群。Mg/Ca 可作为区分不同地理种群的指标，而 Sr/Ca 和 Mg/Ca 适合用来判断不同季节的产卵种群。

智利海域春季孵化的茎柔鱼进行南北和东西向的洄游，洄游在稚鱼的肥育场和专属经济区外的成鱼索饵场之间进行，尽管结合以前学者观点推测智利海域春季产卵群体的产卵场可能位于秘鲁沿岸，但是进一步证明需要将微量元素结合海流数据推算，这也是今后突破的方向。本章根据耳石微量元素重建了智利外海茎柔鱼的洄游路线，为头足类洄游与移动的研究提供了新方法和新思路。

第6章　基于繁殖特性及生产数据的产卵场 与索饵场栖息地的研究

茎柔鱼属典型的单轮多次产卵头足类，即在其生命周期内只有一个繁殖周期，20世纪70年代以来，其繁殖特性受到广泛关注，研究多集中在加利福尼亚湾、秘鲁和智利沿岸水域(Ibáñez and Cubillos，2007；Argüelles et al.，2010)，而涉及哥斯达黎加外海、秘鲁外海和智利外海的研究较少(叶旭昌和陈新军，2007；刘必林等，2010)。陈新军和赵小虎(2005，2006)先后分析了智利外海和秘鲁外海茎柔鱼作业渔场适宜的表温，胡振明和陈新军(2008)分析了秘鲁外海渔场分布与表温及表温距平均值的关系，但这些研究只集中于水温这一单因子，因而无法全面地反映茎柔鱼适合的索饵栖息场。为此，本章根据我国鱿钓船多年调查和生产所获得的渔业生物学及年龄数据，分析茎柔鱼的繁殖特性，据此探讨其种群结构组成，推测可能的产卵场；通过 two-stage GAM 分析渔业生产数据，掌握作业渔场的栖息地环境；通过环境数据预测适合的索饵场。研究结果有望弥补东太平洋茎柔鱼繁殖生物学知识的不足，为了解茎柔鱼资源补充量的发生以及渔场形成机制提供基础。

6.1　材料和方法

6.1.1　数据采集

6.1.1.1　样本采集

生物学样本采集于哥斯达黎加外海、秘鲁外海和智利外海。哥斯达黎加外海采集时间为 2009 年 7 月和 8 月，采集地点为 91°48′~99°30′W、6°36′~9°30′N；秘鲁外海采集时间为 2008 年 1 月~2010 年 11 月，采集地点为 79°12′~85°51′W、10°21′~18°16′S；智利外海采集时间为 2006 年 4~6 月，2007 年 1 月、5~6 月，2008 年 2~3 月、5 月以及 2010 年 4~6 月，采集地点为 75°00′~84°00′W、20°00′~41°00′S(表 6-1 和图 6-1)。

表 6-1　样本采集信息

海区	鱿钓船	采样地点	采样日期	样本数
智利外海	新世纪 52	76°00′~84°00′W、28°00′~41°00′S	2006 年 4~6 月	213
	新世纪 52	76°00′~80°00′W、23°30′~40°57′S	2007 年 1 月、5~6 月	430
	新世纪 52	79°25′~82°28′W、20°30′~39°43′S	2008 年 2~3 月	169
	浙远渔 807	75°00′~79°30′W、20°00′~24°00′S	2008 年 5 月	468
	丰汇 16	75°03′~77°50′W、24°50′~29°25′S	2010 年 4~5 月	89
	新吉利 8	75°05′~79°21′W、24°04′~28°56′S	2010 年 4~6 月	278
	金鱿 8	76°01′~76°25′W、27°49′~28°53′S	2010 年 6 月	19
秘鲁外海	新世纪 52	82°48′~83°37′W、12°43′~15°55′S	2008 年 1~2 月	381
	浙远渔 807	82°05′~85°30′W、10°32′~13°32′S	2008 年 9 月~2009 年 2 月	311
	丰汇 16	—	2009 年 8~10 月	387
	丰汇 16	79°22′~84°29′W、10°21′~18°16′S	2009 年 9 月~2010 年 11 月	1394
	新吉利 8	79°12′~85°51′W、16°18′~17°32′S	2010 年 4 月 6 日、6 月 29 日	16
哥斯达黎加外海	丰汇 16	91°48′~99°30′W、6°36′~9°30′N	2009 年 7~8 月	281

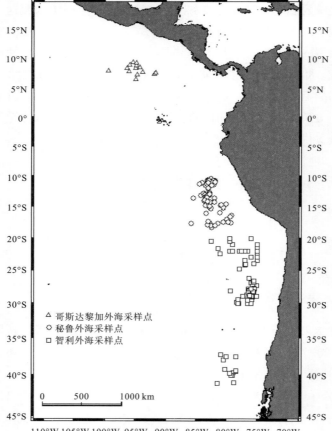

图 6-1　茎柔鱼采样点

6.1.1.2　生物学测定

样本生物学测定内容包括胴长、性别、性腺成熟度、缠卵腺质量和雌性缠卵腺长等。胴长用量鱼板测定，精确至 1mm；雌性缠卵腺长用游标卡尺测定，精确至 0.01mm；缠卵腺质量采用电子天平称量，精确至 0.001g。依据茎柔鱼性腺成熟度划分(Lipinski and Underhill，1995)将其划分为Ⅰ、Ⅱ、Ⅲ、Ⅳ、Ⅴ等 5 期和性未成熟(Ⅰ、Ⅱ期)、性成熟(Ⅲ、Ⅳ期)、繁殖后(雄性为交配后，雌性为产卵后)(Ⅴ期)3 个等级。年龄数据获取详见第 2 章。

6.1.1.3　渔业生产数据获取

2006~2010 年东南太平洋 74°~86°W、8°~30°S 海域茎柔鱼鱿钓生产数据由上海海洋大学鱿钓技术组提供，包括生产日期、经度、纬度、产量、作业船数和平均日产量。其时间分辨率为天，空间分辨率为 0.5°×0.5°。单位捕捞努力量渔获量(catch per unit effort，CPUE)计算公式如下：

$$CPUE = \frac{\sum Catch}{\sum Fishingdays} \tag{6-1}$$

式中，$\sum$ Catch 为 0.5°×0.5°范围内所有渔船的产量，$\sum$ Fishingdays 为 0.5°×0.5°范围内所有渔船的总作业天数。

6.1.1.4　环境数据获取

茎柔鱼洄游特性明显，其资源量会发生季节性变化，从而呈现季节性分布，因此本书按春、夏、秋、冬 4 个季节研究其分布与主要环境因子的关系。海表层温度(sea surface temperature，SST)和海表面高度(sea surface height，SSH)是影响茎柔鱼空间分布的重要指标(胡振明等，2009；胡振明等，2010)。此外，叶绿素 a(chlorophyll a，Chl-a)代表初级生产力的高低，其含量直接影响茎柔鱼幼鱼的丰度，进而影响成鱼的补充量。环境数据取自 http://oceanwatch. pifsc. noaa. gov；SST 时间分辨率为周，空间分辨率 0.1°×0.1°；SSH 时间分辨率为周，空间分辨率为 0.3°×0.3°；Chl-a 时间分辨率为周，空间分辨率为 0.05°×0.05°。为了与生产数据相匹配，环境数据按年、月、日的时间分辨率，0.5°×0.5°空间分辨率进行整合。

6.1.2　数据分析

6.1.2.1　繁殖特性及产卵场推测

(1)将样本分雌、雄，并按不同月份和胴长组统计分析性腺成熟度，对不同胴长组(或年龄组)内性成熟个体的比例和胴长组(或年龄组)数据采用线性回归，拟合 Logistic 曲线，推算不同性别茎柔鱼的性成熟胴长(或年龄):

$$p_i = \frac{1}{1 + e^{-r(x_i - x_{50\%})}} \tag{6-2}$$

式中，p_i 为成熟个体占组内样本的百分比；x_i 为胴长组(或年龄组)各胴长；r 为截距；$x_{50\%}$ 为性成熟胴长(或年龄)。

(2)幂函数拟合缠卵腺生长:

$$\mathrm{NGW} = a \times (\mathrm{NGL})^b \tag{6-3}$$

式中，NGW(nidamental gland weight)为缠卵腺质量，单位 g；NGL(nidamental gland length，NGL)为缠卵腺长，单位 mm；a 和 b 为参数。

(3)缠卵腺指数(nidamental gland index，NGI):

$$\mathrm{NGI} = \frac{\mathrm{NGL}}{\mathrm{ML}} \times 100\% \tag{6-4}$$

式中，NGI 为缠卵腺指数；NGL 为缠卵腺长，单位 mm；ML(mantle length)为胴长，单位 mm。

(4)性腺指数(gonad somatic index，GSI):

$$\mathrm{GSI} = \frac{\mathrm{GW}}{\mathrm{BW}} \times 100\% \tag{6-5}$$

式中，GSI 为性腺指数；GW(gonad weight)为性腺质量，单位 g；BW(body weight)为体重，单位 g。

(5)产卵场推测:成熟雌性比例大于等于 50% 的采样点视为产卵场(Tafur et al.，2001)。应用 Marine explore 4.0 绘制有关分布图。

6.1.2.2　索饵场推测

1. 模型建立

采用 two-stage GAM 预测和分析春、夏、秋、冬 4 个季节的茎柔鱼的分布。GAM1 利用二项式分布的逻辑连接方程估算茎柔鱼存在的概率(p)，GAM2 利用高斯分布估算取对数后的茎柔鱼 CPUE(记为 y)。最后取对数的综合 CPUE(记为 D)等于 GAM1 和 GAM2 两者所得概率相乘。GAM1 和 GAM2 计算方程如下:

$$\text{GAM1}: \text{logit}(p) = s(\text{Lon}) + s(\text{Lat}) + s(\text{SST}) + s(\text{SSH}) + s(\text{Chl-a}) + s(\text{Inter}) + \varepsilon \tag{6-6}$$

$$\text{GAM2}: \ln(y) = s(\text{Lon}) + s(\text{Lat}) + s(\text{SST}) + s(\text{SSH}) + s(\text{Chl-a}) + s(\text{Inter}) + \varepsilon \tag{6-7}$$

$$D = p \cdot y \tag{6-8}$$

式中，Lon 为经度(°)，Lat 为纬度(°)，SST 为海表面温度(℃)，SSH 为海表面高度(cm)，Chl-a 为叶绿素 a 浓度(mg/m³)，Inter 为交互相，s 为平滑函数。

GAM 估算采用 R 软件。运用卡方检验和 F 统计检验对 GAM1 和 GAM2 的主效应因子及交互效应因子进行检验。

2. 模型验证

GAM 估算的结果用来预测各捕捞地点的茎柔鱼的丰度。预测的经过对数处理的茎柔鱼丰度 D' 与实际的经过对数处理的 CPUE(记为 D'')的回归方程如下：

$$D'' = a + bD' \tag{6-9}$$

式中，系数 a 表示系统误差，系数 b 越接近 1 表示预测值与观察越接近，预测越准确。系数检验采用双侧检验，$H_0: a=0$，$H_0: b=1$。

3. 模型预测

为了预测适合的索饵场，将生产海区的环境数据带入所建立的 GAM，以此生成对应的丰度值，然后利用 Marine explore 4.0 软件绘图。

6.1.2.3　统计分析与检验

采用 χ^2 检验(chi-square test)检验各月雌雄比例是否等于 1：1；采用非参数曼-惠特尼 U 检验(Mann-Whitney U test)检验不同性腺成熟度等级茎柔鱼的缠卵腺和性腺指标的差异性；采用 ANCOVA 检验不同地理区域缠卵腺生长的差异；采用 ANOVA 检验不同地理区域茎柔鱼缠卵腺和性腺指标的差异性。所有统计检验采用 SPSS 15.0 统计软件进行分析。

运用 F 分布检验比较茎柔鱼性成熟胴长和年龄的性别和地理差异：

$$F = \frac{\dfrac{\text{RSS}_p - \sum \text{RSS}_i}{\text{DF}_p - \sum \text{DF}_i}}{\dfrac{\sum \text{RSS}_i}{\sum \text{DF}_i}} = \frac{\dfrac{\text{RSS}_p - \sum \text{RSS}_i}{(m+1)(k-1)}}{\dfrac{\sum \text{RSS}_i}{\sum\limits_{i=1}^{k} n_i - k(m+1)}} \tag{6-10}$$

式中，RSS_p 为整体拟合 Logistic 方程所得残差平方和，RSS_i 为每个群体分别拟合 Logistic 方程所得残差平方和，DF_p 为整体的自由度，DF_i 为每个群体的自由度，m 为估算参数数量，k 为用来比较的群体个数，n_i 为每个群体的样本数。

6.2　繁殖特性分析及产卵场推测

6.2.1　雌雄性别比例

在哥斯达黎加外海，共采集样本 281 尾，其中雌性 222 尾（性未成熟 72 尾，性成熟 150 尾），雄性 59 尾（性未成熟 2 尾，性成熟 57 尾），整体雌雄比例为 3.76：1，未成熟个体雌雄比例 36：1，成熟个体雌雄比例 2.63：1。在秘鲁外海，共采集样本 2489 尾，其中雌性 1985 尾（性未成熟 1772 尾，性成熟 213 尾），雄性 497 尾（性未成熟 380 尾，性成熟 116 尾，未鉴定成熟度 1 尾），未鉴定性别的 7 尾，整体雌雄比例为 3.99：1，未成熟个体雌雄比例 4.66：1，成熟个体雌雄比例 1.84：1。在智利外海，共采集样本 1453 尾，其中雌性 1039 尾（性未成熟 981 尾，性成熟 15 尾，未鉴定成熟度 43 尾），雄性 411 尾（性未成熟 370 尾，性成熟 34 尾，未鉴定成熟度 7 尾），未鉴定性别 3 尾，整体雌雄比例 2.53：1，未成熟个体雌雄比例 2.65：1，成熟个体雌雄比例 0.44：1。

按月份分析发现：在哥斯达黎加外海，7、8 月份整体雌雄比例分别为 5.56：1、3.44：1；成熟个体雌雄比例分别为 3.13：1、2.55：1。在秘鲁外海，1~6 月、8~12 月各月雌雄比例分别为 4.76：1、4.42：1、2.43：1、4.63：1、3.00：1、6.31：1、2.55：1、3.97：1、3.57：1、5.35：1、2.68：1，雌性个体数量大于雄性（$P<0.05$）；成熟个体雌雄比例分别为 3.57：1、1.40：1、2.00：1、0.00：0、0.00：1、0.88：1、0.86：1、2.09：1、1.43：1、5.75：1、1.14：1，雌性个体数量较接近雄性。在智利外海，1~6 月各月雌雄比例分别为 19.00：1、2.89：1、3.00：1、3.45：1、2.39：1、1.97：1，雌性个体数量大于雄性（$P<0.05$）；成熟个体雌雄比例分别为 0.00：0、2.67：1、0.00：0、1.00：1、0.00：1、0.55：1，雌性个体数量较接近雄性（表 6-2、图 6-2）。

表 6-2　不同月份茎柔鱼雌雄比例

月份	哥斯达黎加外海		秘鲁外海		智利外海	
	整体	成熟个体	整体	成熟个体	整体	成熟个体
1	—	—	4.76：1	3.57：1	19.00：1	0.00：0
2	—	—	4.42：1	1.40：1	2.89：1	2.67：1
3	—	—	2.43：1	2.00：0	3.00：1	0.00：0

续表

月份	哥斯达黎加外海		秘鲁外海		智利外海	
	整体	成熟个体	整体	成熟个体	整体	成熟个体
4	—	—	4.63∶1	0.00∶0	3.45∶1	1.00∶0
5	—	—	3.00∶1	0.00∶1	2.39∶1	0.00∶1
6	—	—	6.31∶1	0.88∶1	1.97∶1	0.55∶1
7	5.56∶1	3.13∶1	—	—	—	—
8	3.44∶1	2.55∶1	2.55∶1	0.86∶1	—	—
9	—	—	3.97∶1	2.09∶1	—	—
10	—	—	3.57∶1	1.43∶1	—	—
11	—	—	5.35∶1	5.75∶1	—	—
12	—	—	2.68∶1	1.14∶1	—	—

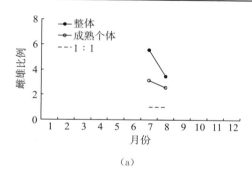

（a）

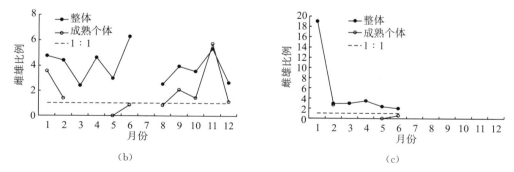

（b）　　　　　　　　　　　　　　　（c）

图 6-2　茎柔鱼不同月份总体和性成熟个体雌雄性别比例

6.2.2 性腺指标

6.2.2.1 性腺成熟度

从整体上分析：在哥斯达黎加外海，样本以成熟个体为主，成熟雄性个体比例高于雌性，分别为 96.7% 和 66.7%，繁殖后雌性个体比例极少，繁殖后雄性个体未出现(表 6-3)。在秘鲁外海，样本以未成熟个体为主，成熟个体所占比例很低，雌雄分别为 10.4% 和 21.3%，并出现少量繁殖后个体(表 6-3)。在智利外海，样本以未成熟个体为主，成熟个体所占比例极低，雌雄分别为 1.1% 和 8.4%，繁殖后个体比例极少(表 6-3)。

表 6-3　不同性别茎柔鱼性腺成熟度组成

海区	性别	样本数/尾	性腺成熟度占比/%				
			未成熟		成熟		繁殖后
			I	II	III	IV	V
哥斯达黎加外海	雌性	222	3.6	28.8	40.1	26.6	0.9
	雄性	59	0	3.4	15.3	81.4	0
秘鲁外海	雌性	1985	55	34.3	6.8	3.6	0.4
	雄性	496	62.7	13.9	4.6	16.7	2
智利外海	雌性	1323	71.2	27.7	1.1	0	0.1
	雄性	404	80.9	10.6	7.2	1.2	0

按不同月份分析：在哥斯达黎加外海，7 月份性成熟 I、II、III、IV 期雌性个体的比例分别为 10.0%、40.0%、48.0%、2.0%，无 V 期个体。进入 8 月份，I、II、III 个体开始减少，IV 期个体增多，并有 V 期个体出现，说明 8 月份开始即将进入产卵期。7 月和 8 月份，雄性个体都以成熟个体(III、IV、V 期)为主，8 月份 IV 期个体比例极高，达到 88%，且明显高于 7 月份(表 6-4)。在秘鲁外海，各月份均以未成熟个体(I、II 期)为主，雌性除了 2 月和 4 月份以外，其他各月均有成熟个体出现，出现比例较高的为 3 月份的 21.1%，6 月份的 19.7%，9 月份的 19.9%，10 月份的 13.8%，11 月份的 16.5%；雄性除了 3 月和 4 月份以外，其他各月也均有成熟个体出现，出现比例较高的为 6 月的 50.0%，9 月 37.6%，10 月的 34.4%，其中 6 月份出现较大比例的交配后 V 期个体(表 6-4)。在智利外海，1~6 月样本均以未成熟个体为主，雌性 2 月、4 月和 6 月份有成熟个体出现，雄性 2 月、5 月和 6 月份有成熟个体出现(表 6-4)。

表6-4　不同月份茎柔鱼性腺成熟度组成

海区	性别	月份	样本数/尾	性腺成熟度占比/%				
				未成熟		成熟		繁殖后
				I	II	III	IV	V
哥斯达黎加外海	雌性	7	50	10	40	48	2	0
		8	172	1.7	25.6	37.8	33.7	1.2
	雄性	7	9	0	11.1	44.4	44.4	0
		8	50	0	2	10	88	0
秘鲁外海	雌性	1	192	88.5	6.3	1.6	3.6	0
		2	171	89.5	10.5	0	0	0
		3	19	52.6	26.3	15.8	5.3	0
		4	17	29.4	58.8	11.8	0	0
		5	297	3.7	87.9	4.7	2.4	1.3
		6	178	25.8	54.5	11.8	7.9	0
		8	84	65.5	27.4	3.6	3.6	0
		9	369	39.3	40.9	13.6	6	0.3
		10	239	58.6	27.6	10	3.8	0
		11	139	44.6	38.8	6.5	8.6	1.4
		12	91	63.7	27.5	3.3	5.5	0
	雄性	1	58	67.2	20.7	8.6	3.4	0
		2	53	75.5	15.1	7.5	1.9	0
		3	28	53.6	46.4	0	0	0
		4	8	50	50	0	0	0
		5	8	87.5	0	0	12.5	0
		6	16	50	0	6.3	12.5	31.3
		8	33	75.8	3	0	12.1	9.1
		9	93	45.2	17.2	7.5	30.1	0
		10	67	55.2	10.4	4.5	28.4	1.5
		11	26	65.4	19.2	0	15.4	0
		12	34	76.5	2.9	5.9	14.7	0

续表

海区	性别	月份	样本数/尾	性腺成熟度占比/%				
				未成熟		成熟		繁殖后
				Ⅰ	Ⅱ	Ⅲ	Ⅳ	Ⅴ
智利外海	雌性	1	57	100	0	0	0	0
		2	81	72.8	17.3	9.9	0	0
		3	45	100	0	0	0	0
		4	38	2.6	94.7	0	0	2.6
		5	523	66.3	33.7	0	0	0
		6	252	42.1	55.6	2.4	0	0
	雄性	1	3	100	0	0	0	0
		2	28	89.3	0	10.7	0	0
		3	15	100	0	0	0	0
		4	11	81.8	18.2	0	0	0
		5	219	78.1	12.8	7.3	1.8	0
		6	128	81.7	10.2	7.8	0.8	0

6.2.2.2　性腺指数

按不同性腺成熟度分析雌性性腺指数显示，Ⅰ～Ⅳ期茎柔鱼性腺指数随着性腺成熟度增加而不断增大（U-test，$P<0.05$），Ⅴ期时随着排卵作用进行性腺指数较Ⅳ期有所下降（图 6-3）。在哥斯达黎加外海，性腺成熟Ⅱ、Ⅲ、Ⅳ、Ⅴ期性腺指数分别为 0.18～1.30（平均 0.62±0.31）、1.03～6.42（平均 3.54±1.92）、2.89～8.20（平均 4.97±1.47）、0.83～1.48（平均 1.16±0.46）；在秘鲁外海，性腺成熟Ⅰ、Ⅱ、Ⅲ、Ⅳ、Ⅴ期性腺指数分别为 0.003～0.50（平均 0.18±0.07）、0.007～1.04（平均 0.26±0.16）、0.18～7.64（平均 2.16±1.85）、0.66～13.32（平均 5.96±3.12）、1.49～9.68（平均 4.92±2.54）；在智利外海，性腺成熟Ⅰ、Ⅱ期性腺指数分别为 0.024～0.298（平均 0.11±0.05）、0.019～0.756（平均 0.13±0.06）（表 6-5）。

对比分析三个海区雌性性腺指数显示，智利外海性腺成熟Ⅰ期个体的明显小于秘鲁外海（ANOVA，$P<0.05$）；三海区性腺成熟Ⅱ期个体的差异明显，哥斯达黎加外海最大，智利外海最小（ANOVA，$P<0.05$）；哥斯达黎加外海性成熟Ⅲ期个体的明显大于秘鲁外海（ANOVA，$P<0.05$）；哥斯达黎加外海性成熟Ⅳ和Ⅴ期个体的与秘鲁外海差异不明显（ANOVA，$P>0.05$）（表 6-5）。

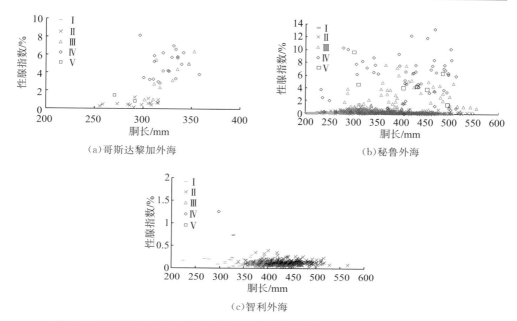

图 6-3　哥斯达黎加外海、秘鲁外海和智利外海雌性茎柔鱼性腺指数与胴长关系

表 6-5　雌性茎柔鱼性腺指数

性腺成熟度	哥斯达黎加外海			秘鲁外海			智利外海		
	样本数/尾	范围	均值	样本数/尾	范围	均值	样本数/尾	范围	均值
I	—	—	—	742	0.003~0.50	0.18±0.07	216	0.024~0.298	0.11±0.05
II	15	0.18~1.30	0.62±0.31	512	0.007~1.04	0.26±0.16	302	0.019~0.756	0.13±0.06
III	9	1.03~6.42	3.54±1.92	84	0.18~7.64	2.16±1.85	0	—	—
IV	22	2.89~8.20	4.97±1.47	52	0.66~13.32	5.96±3.12	1	1.26	—
V	2	0.83~1.48	1.16±0.46	7	1.49~9.68	4.92±2.54	0	—	—

　　按不同性腺成熟度分析雄性性腺指数显示，I~IV 期茎柔鱼性腺指数随着性腺成熟度增加而不断增大(U-test，$P < 0.05$)，V 期时随着精荚的释放性腺指数较 IV 期有所下降(图 6-4)。在哥斯达黎加外海，性腺成熟 IV 期缠卵腺指数为 0.93~3.07(平均 1.73±0.45)；在秘鲁外海，性腺成熟 I、II、III、IV、V 期性腺指数分别为 0.003~0.52(平均 0.07±0.07)、0.03~1.00(平均 0.24±0.21)、0.48~2.87(平均 1.39±0.74)、0.89~4.18(平均 1.95±0.81)、1.33~2.78(平均 2.31±0.46)；在智利外海，性腺成熟 I、II、III、IV 期性腺指数分别为 0.012~0.564(平均 0.05±0.05)、0.028~0.934(平均 0.28±0.25)、0.334~1.18(平均 0.70±0.22)、0.786~1.29(平均 0.10±0.26)(表 6-6)。

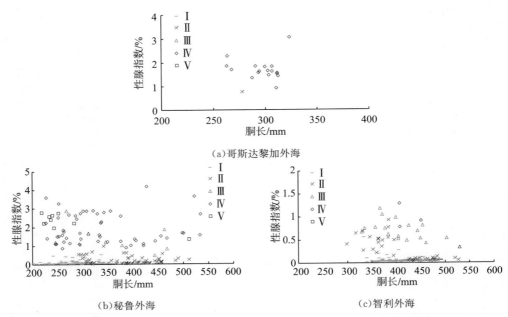

图 6-4　哥斯达黎加外海、秘鲁外海和智利外海雄性茎柔鱼性腺指数与胴长关系

对比分析三个海区雄性性腺指数显示，智利外海性腺成熟 I 期个体的明显小于秘鲁外海的（ANOVA，$P<0.05$）；智利外海性腺成熟 II 期个体的与秘鲁外海差异不明显（ANOVA，$P>0.05$）；秘鲁外海性成熟 III 期个体的明显大于智利外海（ANOVA，$P<0.05$）；三个海区性成熟 IV 期个体差异不明显（ANOVA，$P>0.05$），但是秘鲁外海的明显大于智利外海（ANOVA，$P<0.05$）（表 6-6）。

表 6-6　雄性茎柔鱼性腺指数

性腺成熟度	哥斯达黎加外海			秘鲁外海			智利外海		
	样本数/尾	范围	均值	样本数/尾	范围	均值	样本数/尾	范围	均值
I	0	—	—	228	0.003~0.52	0.07±0.07	167	0.012~0.564	0.05±0.05
II	1	0.77	0.77	51	0.03~1.00	0.24±0.21	35	0.028~0.934	0.28±0.25
III	0	—	—	8	0.48~2.87	1.39±0.74	18	0.334~1.18	0.70±0.22
IV	17	0.93~3.07	1.73±0.45	57	0.89~4.18	1.95±0.81	3	0.786~1.29	0.10±0.26
V	0	—	—	9	1.33~2.78	2.31±0.46	0	—	—

6.2.2.3　缠卵腺指标

1. 缠卵腺长与重

按不同性腺成熟度分析缠卵腺长显示，I～IV 期茎柔鱼缠卵腺长随着性腺成熟度增加而不断增大（U-test，$P<0.05$），V 期随着产卵事件发生，缠卵腺开始

萎缩，其长度也随之减小。在哥斯达黎加外海，性腺成熟Ⅱ、Ⅲ、Ⅳ、Ⅴ期缠卵腺长度分别为 39.3～101mm[平均(66.6±19.8)mm]、87.6～195mm[平均(130±32.6)mm]、127～184mm[平均(149±15.7)mm]、90.9～106mm[平均(98.6±10.9)mm]；在秘鲁外海，性腺成熟Ⅰ、Ⅱ、Ⅲ、Ⅳ、Ⅴ期缠卵腺长度分别为 15.0～65.5mm[平均(30.3±7.8)mm]、20.3～118mm[平均(49.5±18.1)mm]、65.0～252mm[平均(128±44.0)mm]、138～280mm[平均(201±43.0)mm]、139～268mm[平均(204±47.8)mm]；在智利外海，性腺成熟Ⅰ、Ⅱ期缠卵腺长度分别为 28.0～64.5mm[平均(43.8±6.0)mm]、32.2～81.4mm[平均(47.3±7.4)mm](表 6-7)。

对比分析三个海区雌性缠卵腺长显示，智利外海性腺成熟Ⅰ期个体的明显大于秘鲁外海(ANOVA，$P<0.05$)；智利外海性成熟Ⅱ期个体的与秘鲁外海无差异(ANOVA，$P>0.05$)，但明显小于哥斯达黎加外海(ANOVA，$P<0.05$)。哥斯达黎加外海性成熟Ⅲ期个体的与秘鲁外海无差异(ANOVA，$P>0.05$)；哥斯达黎加外海性成熟Ⅳ和Ⅴ期个体的明显小于秘鲁外海(ANOVA，$P<0.05$)。

表 6-7　雌性茎柔鱼缠卵腺长

性腺成熟度	哥斯达黎加外海			秘鲁外海			智利外海		
	样本数/尾	范围/mm	均值/mm	样本数/尾	范围/mm	均值/mm	样本数/尾	范围/mm	均值/mm
Ⅰ	0	—	—	730	15.0～65.5	30.3±7.8	253	28.0～64.5	43.8±6.0
Ⅱ	15	39.3～101	66.6±19.8	502	20.3～118	49.5±18.1	318	32.2～81.4	47.3±7.4
Ⅲ	9	87.6～195	130±32.6	74	65.0～252	128±44.0	—	—	—
Ⅳ	22	127～184	149±15.7	46	138～280	201±43.0	—	—	—
Ⅴ	2	90.9～106	98.6±10.9	6	139～268	204±47.8	—	—	—

按不同性腺成熟度分析缠卵腺质量显示，Ⅰ～Ⅳ期茎柔鱼缠卵腺质量随着性腺成熟度增加而不断增大(U-test，$P<0.05$)，Ⅴ期随着产卵事件发生，缠卵腺开始萎缩，其质量也随之减小。哥斯达黎加外海，性腺成熟Ⅱ、Ⅲ、Ⅳ、Ⅴ期缠卵腺质量分别为 0.77～6.47g[平均(2.97±2.32)g]、5.39～40.0g[平均(18.5±11.1)g]、17.0～57.4g[平均(29.4±10.0)g]、5.19～6.85g[平均(6.02±1.17)g]；秘鲁外海，性腺成熟Ⅰ、Ⅱ、Ⅲ、Ⅳ、Ⅴ期缠卵腺质量分别为 0.01～1.60g[平均(0.16±0.17)g]、0.03～9.25g[平均(0.74±1.07)g]、1.92～118g[平均(27.7±28.8)g]、13.5～226g[平均(108±57.4)g]、19.2～179g[平均(77.0±55.8)g]；智利外海，性腺成熟Ⅰ、Ⅱ期缠卵腺质量分别为 0.08～0.92g[平均(0.29±0.12)g]、0.12～1.71g[平均(0.49±0.24)g](表 6-8)。

对比分析三个海区雌性缠卵腺质量显示，智利外海性腺成熟Ⅰ期个体的明显大于秘鲁外海(ANOVA，$P<0.05$)；三海区性腺成熟Ⅱ期个体的差异明显，哥斯达黎加外海的最大，智利外海的最小(ANOVA，$P<0.05$)；哥斯达黎加外海性成熟Ⅲ期个体的与秘鲁外海无差异(ANOVA，$P>0.05$)；哥斯达黎加外海性成熟Ⅳ期个体的明显小于秘鲁外海(ANOVA，$P<0.05$)；哥斯达黎加外海性成熟Ⅴ期个体的与秘鲁外海无差异(ANOVA，$P>0.05$)。

表 6-8　雌性茎柔鱼缠卵腺质量

| 性腺成熟度 | 哥斯达黎加外海 | | | 秘鲁外海 | | | 智利外海 | | |
	样本数/尾	范围/g	均值/g	样本数/尾	范围/g	均值/g	样本数/尾	范围/g	均值/g
Ⅰ	0	—	—	730	0.01~1.60	0.16±0.17	253	0.08~0.92	0.29±0.12
Ⅱ	15	0.77~6.47	2.97±2.32	502	0.03~9.25	0.74±1.07	318	0.12~1.71	0.49±0.24
Ⅲ	9	5.39~40.0	18.5±11.1	74	1.92~118	27.7±28.8	0	—	—
Ⅳ	22	17.0~57.4	29.4±10.0	46	13.5~226	108±57.4	0	—	—
Ⅴ	2	5.19~6.85	6.02±1.17	6	19.2~179	77.0±55.8	0	—	—

缠卵腺质量与缠卵腺长呈明显的幂函数关系(图 6-5)，哥斯达黎加外海、秘鲁外海及智利外海茎柔鱼缠卵腺质量与缠卵腺长的关系如下：

哥斯达黎加外海：$NGW=0.00002\times(NGL)^{2.8483}$($r^2=0.912$，$n=48$)

秘鲁外海：$NGW=0.000006\times(NGL)^{3.2208}$($r^2=0.921$，$n=1358$)

智利外海：$NGW=0.0002\times(NGL)^{2.056}$($r^2=0.519$，$n=571$)

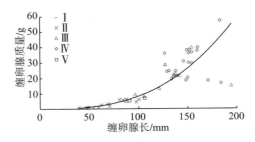

(a)哥斯达黎加外海

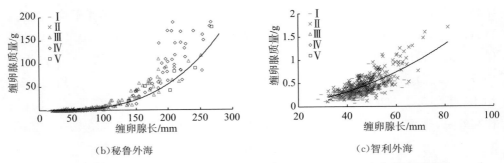

(b)秘鲁外海　　　　　　　　　　　(c)智利外海

图 6-5　哥斯达黎加外海、秘鲁外海和智利外海缠卵腺长与缠卵腺质量关系

ANOVA 分析显示，哥斯达黎加外海、秘鲁外海和智利外海雌性缠卵腺长与缠卵腺质量的关系差异显著（ANOVA，$F_{2,1971}=53.363$，$P=0.000<0.05$）。

2. 缠卵腺指数

按不同性腺成熟度分析缠卵腺指数显示，Ⅰ～Ⅳ期茎柔鱼缠卵腺指数随着性腺成熟度增加而不断增大（U-test，$P<0.05$），Ⅴ期时随着排卵作用进行缠卵腺指数较Ⅳ期有所下降（图 6-6）。在哥斯达黎加外海，性腺成熟Ⅱ、Ⅲ、Ⅳ、Ⅴ期缠卵腺指数分别为 13.8～31.9（平均 22.5±6.0）、30.0～58.8（平均 39.8±9.0）、39.6～57.9（平均 45.9±5.2）、33.5～36.4（平均 35.0±2.0）；在秘鲁外海，性腺成熟Ⅰ、Ⅱ、Ⅲ、Ⅳ、Ⅴ期缠卵腺指数分别为 5.3～16.5（平均 10.1±1.5）、6.9～32.2（平均 12.7±3.5）、18.8～49.4（平均 32.2±8.2）、37.1～62.2（平均 49.1±5.6）、44.7～56.0（平均 51.3±4.8）；在智利外海，性腺成熟Ⅰ、Ⅱ期缠卵腺指数分别为 7.4～15.5（平均 11.3±1.3）、7.4～15.9（平均 10.8±1.5）（表 6-9）。

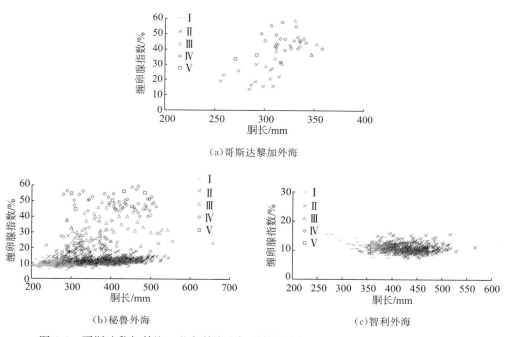

(a)哥斯达黎加外海

(b)秘鲁外海　　　　　　　　　　　(c)智利外海

图 6-6　哥斯达黎加外海、秘鲁外海和智利外海雌性茎柔鱼缠卵腺指数与胴长关系

对比分析三个海区雌性缠卵腺指数显示，智利外海性腺成熟Ⅰ期个体的明显大于秘鲁外海（ANOVA，$P<0.05$）；三个海区性腺成熟Ⅱ期个体的差异明显，哥斯达黎加外海最大，智利外海最小（ANOVA，$P<0.05$）；哥斯达黎加外海性成熟Ⅲ期个体的明显大于秘鲁外海（ANOVA，$P<0.05$）；哥斯达黎加外海性成熟Ⅳ期和Ⅴ期个体的明显小于秘鲁外海（ANOVA，$P<0.05$）。

表 6-9　雌性茎柔鱼缠卵腺指数

性腺成熟度	哥斯达黎加外海			秘鲁外海			智利外海		
	样本数/尾	范围	均值	样本数/尾	范围	均值	样本数/尾	范围	均值
I	0	—	—	730	5.3～16.5	10.1±1.5	253	7.4～15.5	11.3±1.3
II	15	13.8～31.9	22.5±6.0	502	6.9～32.2	12.7±3.5	318	7.4～15.9	10.8±1.5
III	9	30.0～58.8	39.8±9.0	74	18.8～49.4	32.2±8.2	0	—	—
IV	22	39.6～57.9	45.9±5.2	46	37.1～62.2	49.1±5.6	0	—	—
V	2	33.5～36.4	35.0±2.0	6	44.7～56.0	51.3±4.8	0	—	—

6.2.2.4　性成熟指标

1. 性成熟胴长

利用 Logistic 曲线分别拟合哥斯达黎加外海、秘鲁外海和智利外海雌雄性成熟个体比例与胴长关系，结果显示，除哥斯达黎加外海雄性茎柔鱼由于缺少未成熟个体以外，秘鲁外海和智利外海雌雄均适合 Logistic 曲线，其方程式如下：

哥斯达黎加外海雌性：

$$p_i = \frac{1}{1+e^{-0.02499 \times (ML_i - 297)}} \quad (r^2 = 0.964)$$

秘鲁外海雌性：

$$p_i = \frac{1}{1+e^{-0.01856 \times (ML_i - 539)}} \quad (r^2 = 0.992)$$

雄性：

$$p_i = \frac{1}{1+e^{-0.01042 \times (ML_i - 507)}} \quad (r^2 = 0.995)$$

智利外海雌性：

$$p_i = \frac{1}{1+e^{-0.02126 \times (ML_i - 646)}} \quad (r^2 = 0.965)$$

雄性：

$$p_i = \frac{1}{1+e^{-0.06577 \times (ML_i - 550)}} \quad (r^2 = 0.992)$$

Logistic 曲线拟合显示，哥斯达黎加外海雌性茎柔鱼性成熟胴长为 297mm[图 6-7(a)]；秘鲁外海雌性茎柔鱼性成熟胴长为 539mm[图 6-7(b)]，雄性为 507mm[图 6-8(b)]；智利外海雌性茎柔鱼性成熟胴长为 646mm[图 6-7(c)]，雄性为 550mm[图 6-8(c)]。然而，尽管哥斯达黎加外海雄性茎柔鱼不适合 Logistic 曲线拟合，但是仍可推断其性成熟胴长至少小于 250mm[图 6-8(a)]。

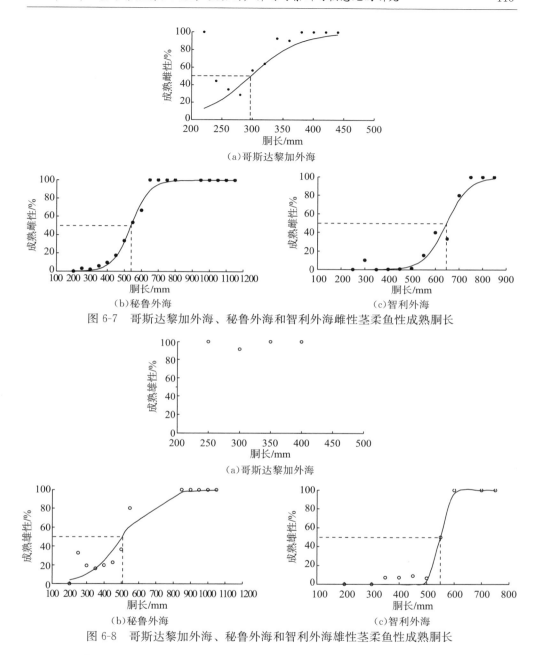

（a）哥斯达黎加外海

（b）秘鲁外海

（c）智利外海

图 6-7　哥斯达黎加外海、秘鲁外海和智利外海雌性茎柔鱼性成熟胴长

（a）哥斯达黎加外海

（b）秘鲁外海

（c）智利外海

图 6-8　哥斯达黎加外海、秘鲁外海和智利外海雄性茎柔鱼性成熟胴长

　　对适合用 Logistic 曲线拟合的秘鲁外海和智利外海茎柔鱼运用 F 分布检验显示（表 6-10）：两海区茎柔鱼性成熟胴长数据拟合 Logistic 曲线性别差异明显，雌性茎柔鱼性成熟胴长均明显大于雄性（秘鲁外海 $F_{3,27}=3.94$，$P=0.0188<0.05$；智利外海 $F_{3,19}=17.5$，$P=0.0000<0.05$）。而雌雄茎柔鱼性成熟胴长数据拟合 Logistic 曲线地理差异也明显，智利外海茎柔鱼性成熟胴长均明显大于秘鲁外海

（雌性 $F_{3,27}=45.7$，$P=0.0000<0.05$；雄性 $F_{3,19}=9.88$，$P=0.0004<0.05$）。

表 6-10　雌雄茎柔鱼性成熟胴长数据拟合 Logistic 曲线 F 分布检验

	均值		标准误		R^2	残差平方和	残差平方和均值
	r	X_{50}	r	X_{50}			
比较秘鲁外海雌雄差异 $F_{3,27}=3.94$，$P=0.0188$							
雌性	0.01856	539	0.00156	5.15	0.992	262	16
雄性	0.01042	507	0.00293	25.9	0.995	1490	135
总体	0.01568	523	0.00217	9.3	0.963	2263	78
比较智利外海雌雄差异 $F_{3,19}=17.5$，$P=0.0000$							
雌性	0.02126	646	0.00396	9.93	0.965	769	70
雄性	0.06577	550	0.02006	2.95	0.992	195	24
总体	0.01837	594	0.00456	15.4	0.927	2740	131
比较秘鲁外海与智利外海雌性差异 $F_{3,27}=45.7$，$P=0.0000$							
秘鲁外海	0.01856	539	0.00156	5.15	0.992	262	16
智利外海	0.02126	646	0.00396	9.93	0.965	769	70
总体	0.01705	591	0.00301	11.7	0.917	4519	156
比较秘鲁外海与智利外海雄性差异 $F_{3,19}=9.88$，$P=0.0004$							
秘鲁外海	0.01042	507	0.00293	25.9	0.995	1490	135
智利外海	0.06577	550	0.02006	2.95	0.992	195	24
总体	0.03013	530	0.00809	9.27	0.921	3401	117

2. 性成熟年龄

利用 Logistic 曲线分别拟合哥斯达黎加外海、秘鲁外海和智利外海雌雄性成熟个体比例与年龄关系。结果显示，哥斯达黎加外海雄性茎柔鱼缺少未成熟个体，智利外海缺少已鉴定年龄的成熟个体，二者都不适合用 Logistic 曲线拟合；哥斯达黎加外海雌性、秘鲁外海雌性和雄性关系方程式如下：

哥斯达黎加外海雌性：

$$p_i=\frac{1}{1+\mathrm{e}^{-0.04035\times(\mathrm{Age}_i-195)}}(r^2=0.985)$$

秘鲁外海雌性：

$$p_i=\frac{1}{1+\mathrm{e}^{-0.016975\times(\mathrm{Age}_i-462)}}(r^2=0.993)$$

雄性：

$$p_i=\frac{1}{1+\mathrm{e}^{-0.047661\times(\mathrm{Age}_i-392)}}(r^2=0.980)$$

Logistic 曲线拟合显示，哥斯达黎加外海雌性茎柔鱼性成熟年龄为 158d

[图 6-9(a)]，秘鲁外海雌性茎柔鱼性成熟年龄为 462d[图 6-9(b)]，雄性为 392d[图 6-10(b)]。然而，尽管哥斯达黎加外海雄性、智利外海雌性和雄性茎柔鱼不适合用 Logistic 曲线拟合，但是至少可推断性成熟年龄分别小于 150d[图 6-10(a)]、大于 480d[图 6-9(c)]和大于 420d[图 6-10(c)]。

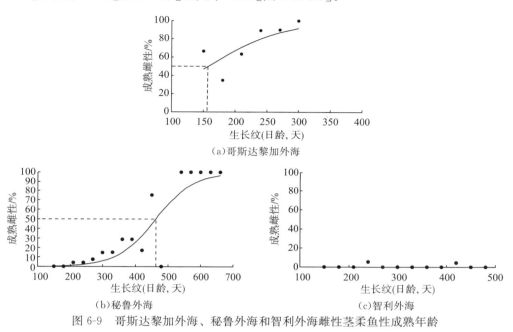

图 6-9　哥斯达黎加外海、秘鲁外海和智利外海雌性茎柔鱼性成熟年龄

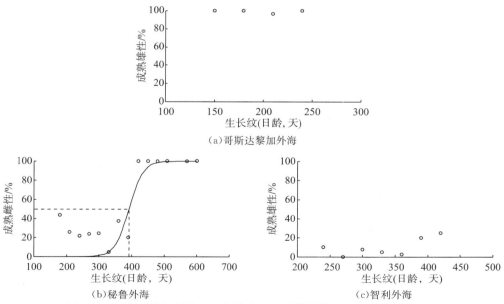

图 6-10　哥斯达黎加外海、秘鲁外海和智利外海雄性茎柔鱼性成熟年龄

对适合用 Logistic 曲线拟合的哥斯达黎加外海和秘鲁外海茎柔鱼运用 F 分布检验显示(表 6-11)：秘鲁外海茎柔鱼性成熟胴长数据拟合 Logistic 曲线性别差异明显，雌性茎柔鱼性成熟年龄明显大于雄性($F_{3,27}=4.94$，$P=0.0073<0.05$)。雌性茎柔鱼性成熟年龄数据拟合 Logistic 曲线地理差异也明显，秘鲁外海茎柔鱼性成熟胴长均明显大于哥斯达黎加外海(哥斯达黎加 $F_{3,19}=28.9$，$P=0.0000<0.05$)。

表 6-11　雌雄茎柔鱼性成熟年龄数据拟合 Logistic 曲线 F 分布检验

	均值		标准误		R^2	残差平方和	残差平方和均值
	r	X_{50}	r	X_{50}			
比较秘鲁外海雌雄差异 $F_{3,27}=4.94$，$P=0.0073$							
雌性	0.01698	462	0.00534	21.6	0.993	5570	371
雄性	0.04766	392	0.02687	13.4	0.98	5704	475
总体	0.01634	410	0.00434	17.5	0.613	15401	531
比较哥斯达黎加外海与秘鲁外海雌性差异 $F_{3,19}=28.9$，$P=0.0000$							
哥斯达黎加外海	0.0169	158	0.00947	30.2	0.578	1202	300
秘鲁外海	0.01698	462	0.00534	21.6	0.993	5570	371
总体	0.0056	367	0.00264	64.4	0.295	27373	1303

6.2.2.5　基于成熟个体的产卵场推测

哥斯达黎加外海绝大多数站点雌性样本中成熟个体比例超过 50%[图 6-11(a)]。秘鲁外海成熟雌性个体分布广泛，但成熟个体比例超过 50% 的站点主要在 11°S 附近[图 6-11(b)]。智利外海有成熟雌性分布的站点极少，仅在智利中部 30°S 附近成熟个体比例超过 50%[图 6-11(c)]。

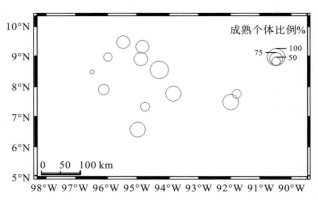

(a)哥斯达黎加外海

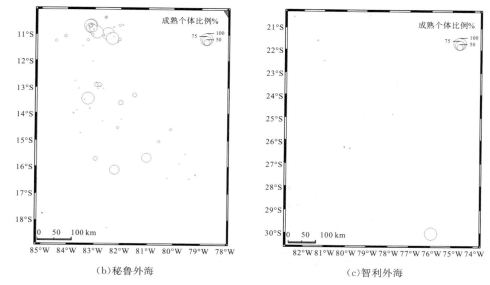

(b)秘鲁外海   (c)智利外海

图 6-11 哥斯达黎加外海、秘鲁外海和智利外海产卵场分布图

6.3 利用 two-stage GAM 研究茎柔鱼
的索饵场栖息地

6.3.1 影响因子的选择

对样本经度、纬度、CPUE、SST、SSH、Chl-a 等 6 个因子进行相关性分析，结果显示，经度与纬度相关性达到 0.82，因此两者当中只选择将纬度代入模型计算(图 6-12)。

春、夏、秋、冬 GAM1 解释茎柔鱼存在概率的离差为 24.1%～42.4%，GAM2 解释茎柔鱼 CPUE 的离差为 23.3%～41.7%。春季，用于 GAM1 分析的所有空间和环境因子都不显著，用于 GAM2 分析的纬度因子显著(表 6-12)；夏季用于 GAM1 分析的 SST 和 Chl-a 因子显著，用于 GAM2 分析的纬度、SST 和 Chl-a 显著；秋季用于 GAM1 分析的纬度和 SST 因子显著，用于 GAM2 分析的 SST、Chl-a 和 SSH 因子显著；冬季，用于 GAM1 分析的纬度因子显著，用于 GAM2 分析的纬度和 SSH 因子显著。

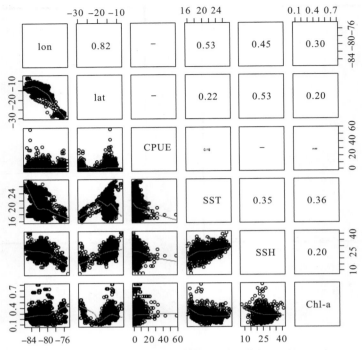

图 6-12　环境因子间相关性分析

表 6-12　茎柔鱼 4 个季节存在概率(GAM1)和 CPUE(GAM2)分析结果

模型	季节	纬度	SST	Chl-a	SSH	离差的解释	样本数
GAM1	春季	1	1	—	1	24.1%	227
	夏季	0.17654	<0.001	<0.001	0.29717	42.4%	213
	秋季	<0.05	<0.05	—	—	40.0%	277
	冬季	<0.05	0.1228	0.1567	—	32.7%	268
GAM2	春季	<0.001	0.10324	0.32472	0.15437	23.3%	218
	夏季	<0.001	<0.001	<0.05	0.36137	41.7%	198
	秋季	0.26514	<0.001	<0.05	<0.001	41.0%	232
	冬季	<0.001	0.14425	0.26349	<0.001	33.9%	240

6.3.2　模型拟合诊断

　　模型拟合诊断包括：①残差数据点的正态 Q-Q 图，以评价模型假设的残差结构是否服从正态分布(图 6-13)；②标准化残差与拟合值的散点图，以评估模型是否发生误解(图 6-14)；③观测值与预测值的散点图，以量化评估解释变量是否减少数据中的方差(图 6-15)。图 6-13、图 6-14 和图 6-15 揭示了东南太平洋外海茎柔鱼鱿钓 CPUE 与环境关系的 GAM 分析的诊断结果。残差的数据点分布在正态 Q-Q 图上基本上呈线性重合(图 6-13)，图 6-14 和图 6-15 中的散点分布图比较均匀，表明 CPUE 数据适合用 GAM 分析。

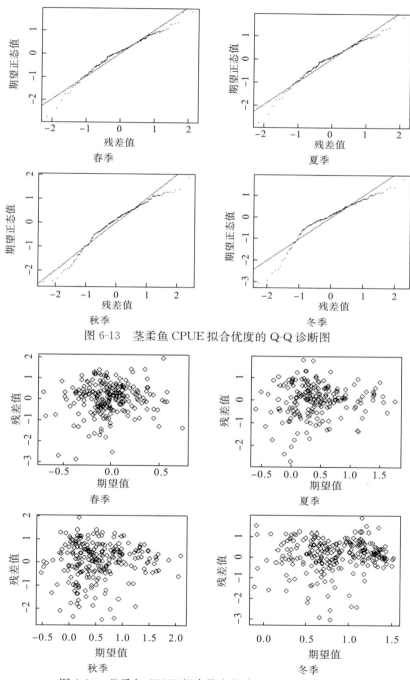

图 6-13　茎柔鱼 CPUE 拟合优度的 Q-Q 诊断图

图 6-14　茎柔鱼 CPUE 拟合优度的残差与期望值关系图

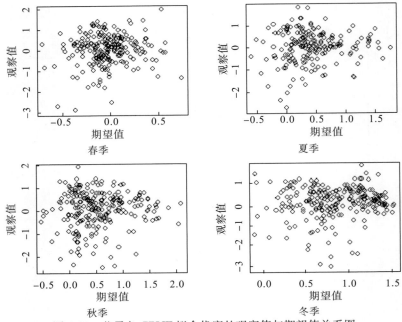

图 6-15　茎柔鱼 CPUE 拟合优度的观察值与期望值关系图

6.3.3　索饵场栖息环境

春季，空间分布对 CPUE 影响表明，主要作业渔场位于 $11°\sim15°S$，随着纬度降低，对 CPUE 的影响明显下降 [$P<0.001$；表 6-12，图 6-16(a)]。从 CPUE 与 SST 关系可以看出，作业水温为 $16.5\sim20.5℃$，SST 对 CPUE 的影响略呈上升趋势 [$P>0.05$；表 6-12，图 6-16(b)]。CPUE 与 Chl-a($0.2\sim0.4mg/m^3$ 段，其他位置由于其 95% 置信区间较大，其与 CPUE 的关系存在较大不确定性，常不用于分析，下同) 关系显示，Chl-a 对 CPUE 影响很小 [$P>0.05$；表 6-12，图 6-16(c)]。SSH 对 CPUE 的影响显示，主要 SSH 为 $20\sim30cm$，SSH 对 CPUE 的影响很小 [$P>0.05$；表 6-12，图 6-16(d)]。

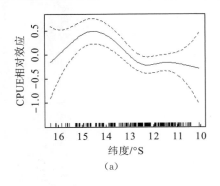

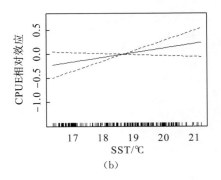

(a)　　　　　　　　　　　　　　　　(b)

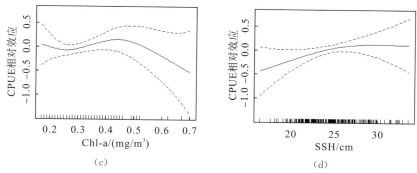

图 6-16　春季索饵场各空间和环境要素对 CPUE 的相对效应

虚线为 95% 置信区间，横轴内侧刻度表示数据点相对密度

　　夏季，空间分布对 CPUE 影响表明，主要作业渔场位于 12°～17°S，随着纬度的降低，对 CPUE 的影响逐渐减小 [$P<0.001$；表 6-12，图 6-17(a)]。从 CPUE 与 SST 关系可以看出，主要作业水温为 20.5～25℃，SST 在 20.5～21.5℃时对 CPUE 的影响最大 [$P<0.001$；表 6-12，图 6-17(b)]。CPUE 与 Chl-a 关系显示，Chl-a 在 0.2～0.3mg/m³，对 CPUE 的影响呈升高趋势 [$P<0.05$；表 6-12，图 6-17(c)]。SSH 对 CPUE 的影响显示，主要 SSH 为 24～31cm，SSH 对 CPUE 的影响很小 [$P>0.05$；表 6-12，图 6-17(d)]。

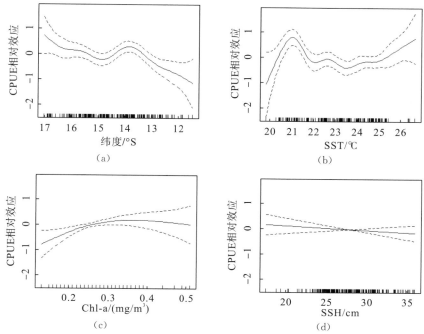

图 6-17　夏季索饵场各空间和环境要素对 CPUE 的相对效应

虚线为 95% 置信区间，横轴内侧刻度表示数据点相对密度

　　秋季，空间分布对 CPUE 影响表明，作业渔场扩大到 $12°\sim30°S$，虽然随着纬度的降低，对 CPUE 的影响逐渐下降，但是由于 95％置信区间过大而存在较大的不确定性 [$P > 0.05$；表 6-12，图 6-18(a)]。从 CPUE 与 SST 关系可以看出，主要作业水温为 $20.5\sim26℃$，SST 对 CPUE 的明显逐渐下降 [$P < 0.001$；表 6-12，图 6-18(b)]。CPUE 与 Chl-a 关系显示，Chl-a 对 CPUE 的影响逐渐升高 [$P < 0.05$；表 6-12，图 6-18(c)]。SSH 对 CPUE 的影响显示，主要 SSH 为 $20\sim32cm$，SSH 在 $28\sim32cm$ 时对 CPUE 的影响最大 [$P < 0.001$；表 6-12，图 6-18(d)]。

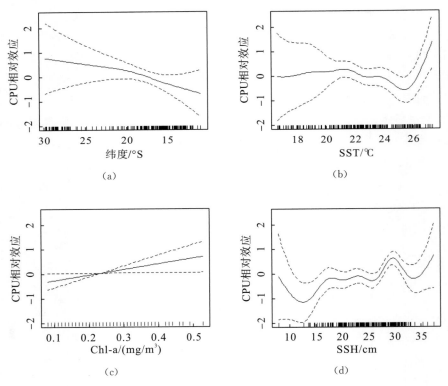

图 6-18　秋季索饵场各空间和环境要素对 CPUE 的相对效应
虚线为 95％置信区间，横轴内侧刻度表示数据点相对密度

　　冬季，空间分布对 CPUE 影响表明，虽然主要作业渔场位于 $12°\sim18°S$，随着纬度的降低，对 CPUE 的影响呈明显升高的趋势 [$P < 0.001$；表 6-12，图 6-19 (a)]。从 CPUE 与 SST 关系可以看出，主要作业水温为 $17\sim20℃$，SST 对 CPUE 的影响很小 [$P > 0.05$；表 6-12，图 6-19(b)]。CPUE 与 Chl-a 关系显示，Chl-a 对 CPUE 的影响很小 [$P > 0.05$；表 6-12，图 6-19(c)]。SSH 对与 CPUE

关系显示，主要 SSH 为 20～32cm，对 CPUE 的影响呈抛物线状，即 SSH 在 20～28cm 段对 CPUE 的影响逐渐减小，在 28～32cm 对 CPUE 的影响逐渐升高 [$P<0.001$；表 6-12，图 6-19(d)]。

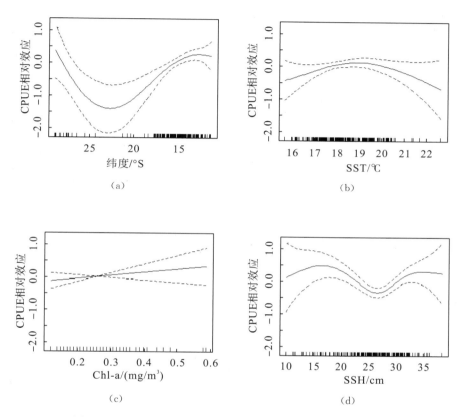

图 6-19　冬季索饵场各空间和环境要素对 CPUE 的相对效应

虚线为 95% 置信区间，横轴内侧刻度表示数据点相对密度

6.3.4　索饵场位置预测

春季，大部分海域 CPUE 都很低，15°S、77°W 附近海域 CPUE 较高，可能是茎柔鱼适合的索饵场；夏季 22°S 以北海域 CPUE 低，22°S 以南 CPUE 较高，24°～29°S、75°～78°W 海域 CPUE 最高，是茎柔鱼适合的索饵场；秋季秘鲁沿岸 12°～16°S 和智利中北部 28°S 附近海域 CPUE 较高，是茎柔鱼的适合索饵场；冬季秘鲁沿岸高 CPUE 海区基本不变，而智利沿岸则消失（图 6-20）。

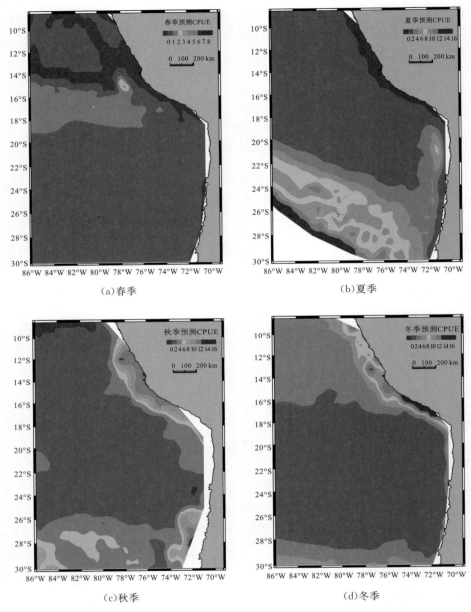

图 6-20　预测 2006～2010 年春季、夏季、秋季和冬季东南太平洋茎柔鱼 CPUE 分布

6.3.5　模型验证

CPUE 观察值与预测值回归分析显示，截距接近 0，斜率接近 1，说明模型预测效果较好(表 6-13)。

表 6-13　茎柔鱼 4 个季节观察 CPUE 与预测 CPUE 回归分析结果

季节		春季	夏季	秋季	冬季
截距 a	估算值	0.232	0.121	0.083	0.154
	P	<0.05	<0.05	<0.05	<0.05
斜率 b	估算值	1.6	0.65	1.23	1.43
	P	<0.05	<0.05	<0.05	<0.05

6.4　讨论与小结

6.4.1　讨论

6.4.1.1　繁殖特性分析与产卵场推测

哥斯达黎加外海的样本以成熟个体为主，雌性占 96.7%，雄性占 66.7%，说明该海域可能为茎柔鱼的产卵场。对于长距离洄游的柔鱼类而言，通常雄性个体先于雌性性成熟，并且到达产卵场，交配完以后先行死亡，因此产卵场的成熟雌性明显高于雄性，例如西南大西洋阿根廷滑柔鱼(刘必林等，2008)和印度洋西北海区域鸢乌贼(杨德康，2002)。对比 7 月和 8 月雌性茎柔鱼成熟个体比例发现，由 7 月进入 8 月 I、II、III 期的成熟雌性个体比例减少，而 IV 期的个体增加，并开始出现产卵后的个体(IV 期)，由此可说明 8 月份开始哥斯达黎加外海雌性茎柔鱼即将进入产卵期。秘鲁外海的样本以未成熟个体为主，成熟个体所占比例很低，雌雄分别为 10.4% 和 21.3%，说明该海域不是茎柔鱼的主要产卵场，或者无明显的产卵高峰期，而根据耳石日龄和捕捞日期推算得出秘鲁外海存在明显的产卵高峰期，因此可推断秘鲁外海不是茎柔鱼的主要产卵场。尽管成熟雌性个体比例不高，但是除了 2 月、4 月和 7 月(该月没有取样)外，其他月份均有成熟雌性个体出现，这说明茎柔鱼为全年产卵，此结论与利用耳石微结构得出的结果一致。而在秘鲁海域各月也均有成熟雌性个体出现，且比例明显较高，并由此推断秘鲁沿岸海域是茎柔鱼的主要产卵场。智利外海 1~6 月样本以未成熟个体为主，成熟个体所占比例极低，雌雄分别为 1.1% 和 8.4%。Ibáñez 和 Cubillos (2007)研究了 7 月至翌年 2 月智利外海的茎柔鱼的性成熟度组成，结果发现 1~2 月成熟个体的比例也较低，而 7~12 月的比例很高。因此，结合本书研究推断，智利外海茎柔鱼也是全年产卵，同时也存在明显的产卵高峰期。

　　缠卵腺和性腺是柔鱼类雌性繁殖系统的重要组织，缠卵腺和性腺指数是性成熟的重要指标之一。Ⅰ～Ⅳ期茎柔鱼缠卵腺和性腺指数随着性腺成熟度增加而不断增大（U-test，$P<0.05$），成熟个体的缠卵腺指数明显大于未成熟个体。哥斯达黎加外海成熟个体缠卵腺和性腺指数分布集中，说明可能只存在1个体型群；而秘鲁外海成熟个体缠卵腺和性腺指数分布分散，说明可能存在2个体型群。Ricardo等（2001）通过缠卵腺指数分析认为，1991年和1993年秘鲁外海茎柔鱼存在两个产卵群体。海区之间比较发现，各期缠卵腺和性腺指数在不同海区之间多数存在明显差异，这些差异可能是不同海区茎柔鱼的生长不同而造成。

　　茎柔鱼的性成熟胴长随其栖息的物理和生物环境的变化而变化，并与遗传因素有关，因此过去的研究显示茎柔鱼的性成熟胴长时间和空间变化波动。Nesis（1970）认为，在其分布范围内存在3种不同性成熟胴长的体型群体：小型群位于热带海域，中型群在整个分布范围内都有，而大型群则分布在南北半球茎柔鱼分布的边缘处。在南半球秘鲁海域，20世纪90年代以性成熟早的小型群为主，而21世纪初则以性成熟晚的大型群为主（Argüelles et al.，2008）。在北半球，茎柔鱼性成熟胴长通常较大，而只有在1997年和1998年厄尔尼诺事件发生时，性成熟胴长才减小至秘鲁海域20世纪90年代水平（Bazzino et al.，2010）。然而，有报道称墨西哥海域20世纪70和80年代也出现性成熟早的小型群。Keyl等（2008）根据性成熟大小将秘鲁寒流海域茎柔鱼划分为大小2个群，而加利福尼亚湾茎柔鱼则被划分为1个大型雌性群和两个中型雄性群（Markaida et al.，2001）。本章研究结果显示三个海区茎柔鱼性成熟胴长差异明显，哥斯达黎加外海雌雄茎柔鱼性成熟胴长分别为297mm和<250mm，当属小型群；秘鲁外海分别为539mm和507mm，当属中型群；智利外海分别为646mm和550mm，当属大型群。因此，结合哥斯达黎加、秘鲁和智利的地理位置，推测小型群、中型群和大型群的分布符合Nesis（1970）提出的不同体型群的分布特点。然而在秘鲁外海，根据性成熟胴长推测的1个中型群与缠卵腺和性腺指数分布推测的2个群体似乎不符，其实不然，因为鱿钓作业的选择性强，捕获的大型成熟个体较少，不足以拟合Logistic曲线，因此进一步分析认为，秘鲁外海存在1个中型群和1个大型群。此外，本章还对茎柔鱼的性成熟年龄进行了分析，分析显示哥斯达黎加外海雌雄茎柔鱼性成熟年龄分别为158d和<150d，秘鲁外海分别为462d和392d，智利外海分别为>480d和>420d，由于属首次研究，因此没有其他研究结果可做对比分析。雌雄对比研究发现，雌性茎柔鱼性成熟胴长明显高于雄性，这符合头足类雄性生长快的特性。例如，北太平洋柔鱼 *Ommastrephes bartramii* 雌雄性成熟胴长分别为332mm和299mm（李思亮等，2011），西南大西洋阿根廷滑柔鱼雌雄性成熟胴长分别为 265mm 和 209mm(刘必林等，2008)。

哥斯达黎加外海绝大多数采样点雌性成熟个体比例超过 50%，因此根据 Tafur 等(2001)观点，推测该海域为茎柔鱼的重要产卵场。哥斯达黎加外海采样点位于赤道逆流温跃层脊(countercurrent thermocline ridge)至哥斯达黎加冷水圈附近，这里初级生产力丰富(Fiedler，2002)，为茎柔鱼的仔稚鱼提供了充足的饵料和营养。Ichii 等(2002)认为，哥斯达黎加冷水圈附近强烈的上升流和发达的等温脊是吸引大量成熟茎柔鱼在此生活的主要原因。此外，2009 年在该海域进行茎柔鱼资源探捕期间采集的浮游动物样本中发现了一定数量的喙乌贼仔鱼期的幼体(刘必林等，2012)，这从侧面证明了该海域很可能是茎柔鱼的产卵场。Vecchione(1999) 哥斯达黎加冷水圈出现的大量茎柔鱼和鸢乌贼 *Sthenoeuthis oualaniensis* 喙乌贼仔鱼推断该海域为茎柔鱼的产卵场。Gilly 等(2006b)在加利福尼亚湾中部发现新孵化的茎柔鱼幼体和交配中的亲体，Staaf 等(2008)在此又发现了未孵化的茎柔鱼卵，因此推断该海域也为茎柔鱼的产卵场。过去的研究认为，东南太平洋海区域茎柔鱼产卵场位于大陆架斜坡及其附近的大洋海域(Nigmatullin et al.，2001)。秘鲁海域产卵场主要位于 $3°\sim8°S$ 和 $12°\sim17°S$(Tafur et al.，2001)。本书根据采样点性成熟雌性个体比例推测，秘鲁专属经济区以外 $11°S$ 可能为茎柔鱼的次要产卵场，Nesis(1970)和 Anon(1999)在此附近发现喙乌贼仔鱼就是很好的佐证。此外，有研究认为智利中部外海也可能是茎柔鱼的产卵场(Ibáñez and Cubillos，2007)，这与本书的结果相符。

6.4.1.2　索饵场栖息地的分析

近年来，统计回归模型被广泛应用于鱼类栖息地的预测及与环境关系的研究中。GAM 首先由 Hastie 和 Tibshirani(1990)提出，是最常见的回归模型。国外学者 Swartzman 等(1992，1994，1995)、Maravelias 等(1997)较早地将 GAM 应用到渔业资源的研究中。近年来，国内学者也开始将 GAM 应用到渔业资源与环境关系的研究中(陈新军等，2007；郑波等，2008；官文江等，2009)。本章研究认为，GAM 因其灵活性，要比其他线性和非线性模型更适合用来研究鱼类分布与海洋环境的关系(Lehmann et al.，2002；Ray et al.，2002)。two-stage GAM 作为 GAM 的扩展，它分两步对渔业资源进行分析，首先分析哪里有或者没有渔业资源分布，其次分析有资源分布的地方其分布密度是多少(Barry and Welsh，2002；Jensen et al.，2005)。该方法的优点在于能够在建模过程中保留渔业生产中产量为零的数据，因此增加了分析的准确性。

two-stage GAM 分析发现，除了秋季以外，纬度因子对茎柔鱼资源分布的影响比较明显。春季和夏季，随着纬度的降低 CPUE 逐渐降低；而冬季随着纬度降低而升高。茎柔鱼为大洋性广温种，适宜生存温度 15～28℃（Nesis，1983），所能忍受的极限温度下限为 4℃，上限为 32℃（Nigmatullin et al.，2001）。水温是影响茎柔鱼资源分布的重要因子，以往研究认为北半球温度 24～29℃（Nevárez-Martínez et al.，2000）、南半球温度 17～23℃资源密度最高（Taipe et al.，2001）。夏季和秋季作业水温主要在 20～26℃，GAM 分析显示，水温变化对茎柔鱼资源密度影响明显，21℃附近 CPUE 最高；冬季和春季作业水温主要在 16～20℃，GAM 分析显示，水温变化对茎柔鱼资源密度无明显影响。Chl-a 的高低反映初级生产力状况，因此它被看作是指示茎柔鱼产卵场的重要环境因子，然而对成鱼的分析发现，Chl-a 对 CPUE 的影响不是特别明显，这是因为作业渔场通常位于索饵场的缘故。GAM 对 SSH 的分析显示，秋季和冬季 SSH 对 CPUE 的影响明显。

　　通过 CPUE 与海洋环境关系的分析，推测春季茎柔鱼的索饵场位于 15°S、77°W 附近海域，而生产数据表明这一区域正是 CPUE 最高的海区。过去的研究认为，茎柔鱼在加利福尼亚至智利北部 200～250n mile 的资源密度最丰富（Nigmatullin et al.，2001），本书推测茎柔鱼秋季索饵场主要位于秘鲁沿岸 12°～16°S 和智利中北部沿岸 28°S 附近，冬季位于秘鲁沿岸 13°～18°S，而夏季索饵场位于智利北部的 24°～26°S 公海海域。

6.4.2　小结

　　尽管茎柔鱼雌性个体的整体数量明显高于雄性，但是秘鲁外海和智利外海成熟个体雌雄比例接近 1：1，哥斯达黎加外海雄性个体先于雌性个体成熟并发生交配，而交配后的雄性个体先行死亡，因此雌性个体比例大于雄性。茎柔鱼雌性性成熟胴长和年龄明显大于雄性，哥斯达黎加外海茎柔鱼性成熟胴长和年龄小于秘鲁外海和智利外海。根据缠卵腺指数、性腺指数、性成熟胴长和年龄分析认为，哥斯达黎加外海存在 1 个小型群，秘鲁外海存在 1 个中型群和 1 个大型群，智利外海存在 1 个大型群。根据各采样点性成熟雌性个体比例分析认为，哥斯达黎加外海是北半球茎柔鱼重要的产卵场。过去的研究认为，东南太平洋海域茎柔鱼产卵场位于大陆架斜坡及其附近的大洋海域（Nigmatullin et al.，2001），本书推测的秘鲁和智利外海 11°S 和 30°S 可能是其次要的产卵场。

　　GAM 分析显示各季节影响茎柔鱼资源分布的因子有所不同：春季，仅纬度对 CPUE 的影响十分明显；夏季，纬度和 SST 对 CPUE 影响十分明显；秋季，SST 和 SSH 对 CPUE 的影响十分明显；冬季，纬度和 SSH 对 CPUE 的影响十分明显；Chl-a 对各季节资源分布的影响不大。根据 CPUE 与海洋环境关系的分析，我们推测，春季茎柔鱼的索饵场位于 $15°S$、$77°W$ 附近海域，夏季位于 $24°\sim 29°S$、$75°\sim 78°W$ 海域，秋季位于秘鲁沿岸 $12°\sim 16°S$ 和智利中部 $28°S$ 附近海域，冬季位于秘鲁沿岸 $13°\sim 18°S$ 海域。

第7章 结论与展望

7.1 主要结论

(1)根据茎柔鱼渔获物个体大小组成,其大致可分为大、中、小三个种群,小型群的雌、雄胴长分别为 140～340mm 和 130～260mm;中型群的雌、雄胴长分别为 280～600mm 和 240～420mm;大型群的雌、雄胴长分别在 600mm 以上和 420mm 以上。其中智利外海以中型群和大型群为主,秘鲁外海存在大、中、小三个群体,哥斯达黎加外海和赤道公海附近海域以小型群和中型群为主。

各海区茎柔鱼胴长与体重的关系表明,智利外海、秘鲁外海和赤道公海附近海域茎柔鱼的生长参数明显高于哥斯达黎加外海,这可能与茎柔鱼栖息的水温环境有关,由于栖息水温较高,所以生长消耗快,个体瘦小。但是由于赤道公海附近海域水温相对较高,其茎柔鱼生长参数也较高,因此该生长参数值可能还与其他因素有关,例如食物丰度和初级生产力等。

在特定的时间和空间内,渔获物中茎柔鱼雌性个体数量通常都大于雄性个体。本书研究中除哥斯达黎加外海以外,智利外海、秘鲁外海和赤道公海附近海域都以未成熟个体为主,说明智利外海、秘鲁外海和赤道公海附近海域不是茎柔鱼的主要产卵场,或者无明显的产卵高峰期。在哥斯达黎加外海成熟个体中,雄性个体的比例明显高于雌性个体,说明该海域雄性个体先于雌性个体成熟并发生交配,而交配后的雄性个体先行死亡,进而导致了较高的雌雄比例。同时推测哥斯达黎加外海是茎柔鱼的一个潜在产卵场。分析认为,4 个海区茎柔鱼初次性成熟胴长存在明显差异。

4 个海区茎柔鱼存在比例较高且明显的自食现象。哥斯达黎加外海和赤道公海附近海域茎柔鱼的空胃率高于智利外海和秘鲁外海,哥斯达黎加外海和赤道公海附近海域温度较高,茎柔鱼代谢程度较快。其中,哥斯达黎加外海的空胃率最高,由于茎柔鱼在性成熟后不再摄食,该海域性成熟个体所占的比例最高。

(2)根据我国远洋鱿钓渔船 2006～2010 年在东太平洋哥斯达黎加外海、秘鲁外海和智利外海探捕和生产期间采集的样本,通过耳石微结构分析,研究了茎柔鱼的年龄和生长。结果显示,茎柔鱼耳石微结构由核心区、后核心区、暗区、外围区组成,各生长区分别与胚胎期、仔鱼期、稚鱼期、亚成鱼和成鱼期相关;存在与月亮有关的周期性规则标记轮，与生活史相关的非周期性规则标记轮，与突发事件相关的不规则标记轮和异常结构。哥斯达黎加外海、秘鲁外海和智利外海茎柔鱼仔鱼年龄分别为 26d、32d 和 33d，约为 1 个月；稚鱼年龄别为 86d、84d 和 88d，约为 3 个月。

通过耳石生长纹的分析显示，哥斯达黎加外海的茎柔鱼成鱼寿命小于 10 个月，秘鲁外海和智利外海的多为 1~1.5 年，少数秘鲁外海大个体寿命为 1.5~2 年。茎柔鱼全年产卵，各海区产卵高峰期不同，哥斯达黎加外海为 1~2 月，秘鲁外海为 1~3 月，智利外海为 5~7 月，根据孵化期将秘鲁外海和智利外海茎柔鱼各分成冬春生群和夏秋生群两个产卵种群。哥斯达黎加外海茎柔鱼胴长适合线性生长，雌雄生长无明显差异；秘鲁外海和智利外海冬春生群胴长均适合线性生长，而夏秋生群均适合指数生长，前者雌雄均无明显差异，后者雌雄均差异明显。哥斯达黎加外海茎柔鱼雌雄个体体重与日龄关系差异显著，雌性呈指数关系，而雄性呈幂函数关系；秘鲁外海呈指数关系，冬春生群雌雄差异显著，夏秋生群无明显差异；智利外海茎柔鱼冬春生群呈幂函数关系，雌雄差异显著，夏秋生群呈指数关系，雌雄无明显差异。茎柔鱼生长率地理差异明显，智利外海茎柔鱼的生长率明显小于水温相对较高的哥斯达黎加外海和秘鲁外海。

(3) 利用 LA-ICP-MS 法从时间序列上分析了茎柔鱼胚胎期、仔鱼期、稚鱼期、亚成鱼和成鱼期耳石的微量元素。除 Mg 元素以外，其他元素各生长期之间差异明显，说明茎柔鱼不同生活史时期经历的水环境变化明显。仔稚鱼时期低、亚成鱼和成鱼期高的 Sr/Ca 和 Ba/Ca 分布特征，验证了茎柔鱼生活史过程中的垂直移动特性，即仔稚鱼期在表层水域生活，亚成鱼和成鱼期下潜至深层水域生活。不同产卵群体胚胎期 Sr/Ca 和 Mg/Ca 的差异，证明了利用早期生活史时期耳石微量元素判定种群结构的可能性。通过 Sr/Ca 和 Ba/Ca 与水温关系的分析认为，Sr 和 Ba 元素可看作是茎柔鱼生活水温的指示元素。

建立了基于早期生活史时期耳石微量元素研究茎柔鱼种群的新方法，该方法首先通过判别分析对不同群体的耳石微量元素进行判别，然后通过交互检验法获取判别率，以判别函数系数极其均值计算 95% 椭圆置信区间，最后通过随机检验验证判别是否由随机误差造成。结果显示，胚胎期和稚鱼期耳石微量元素都适合用来鉴定茎柔鱼种群，但是胚胎期耳石因其微量元素信息受到外部环境干扰较小，而比仔鱼期耳石更适合用来鉴定茎柔鱼种群。Mg/Ca 可作为区分不同地理种群的重要指标，而 Sr/Ca 和 Mg/Ca 适合用来判断不同季节的产卵种群。

利用耳石最外围微量元素与捕捞地点 SST 建立关系，结果发现 Sr/Ca 和 Ba/Ca 组合与 SST 关系十分显著，根据这一关系推算得智利外海春季产卵群体，稚鱼 11 月在智利北部沿岸肥育，1 月向南洄游至智利中部 28°S 沿岸，2 月向西洄游至专属经济区以外 74°~77°W、27°~29°S，9~10 月向北洄游至 74°~77°W、22°~24°S 索饵场。结合以前学者观点推测智利海域春季产卵群体的产卵场可能位于秘鲁沿岸，但是进一步证明需要将微量元素结合海流数据推算。

(4)各海区茎柔鱼雌性个体明显多于雄性，秘鲁外海和智利外海成熟雌性个体较接近雄性，哥斯达黎加外海由于成熟雄性先行死亡导致成熟个体雌雄比例过高。哥斯达黎加外海性成熟个体比例极高，证明该海区可能为茎柔鱼的产卵场，8 月份开始进入产卵期，而秘鲁外海和智利外海虽然各月基本都有成熟个体出现，但是比例很小，说明作业海区不是茎柔鱼的主要产卵场。根据各采样点性成熟雌性个体比例进一步分析认为，上升流发达的哥斯达黎加外海是北半球茎柔鱼的重要产卵场，秘鲁外海和智利外海 11°S 和 30°S 是南半球茎柔鱼的次要产卵场。

繁殖特性分析显示，茎柔鱼缠卵腺长与缠卵腺质量呈明显的幂函数关系，Ⅰ~Ⅳ 期缠卵腺指标和性腺指标随着性腺成熟度增加而不断增大，Ⅴ 期时随着排卵和交配作用进行有所下降。哥斯达黎加外海、秘鲁外海和智利外海茎柔鱼性成熟胴长和年龄差异明显，性成熟胴长雌性分别为 297mm、539mm、646mm，雄性分别为 <250mm、507mm、550mm；性成熟年龄雌性分别为 158d、462d、>480d，雄性分别为 <150d、392d 和 >420d。根据缠卵腺指数、性腺指数、性成熟胴长和年龄分析认为，哥斯达黎加外海存在 1 个小型群，秘鲁外海存在 1 个中型群和 1 个大型群，智利外海存在 1 个大型群。

two-satge GAM 分析显示，各季节影响茎柔鱼资源分布的因子有所不同：春季，仅纬度对 CPUE 的影响十分明显；夏季，纬度和 SST 对 CPUE 影响十分明显；秋季，SST 和 SSH 对 CPUE 的影响十分明显；冬季，纬度和 SSH 对 CPUE 的影响十分明显；Chl-a 对各季节资源分布的影响不大。根据 CPUE 与海洋环境之间的关系推测，春季茎柔鱼的索饵场位于 15°S、77°W 附近海域，夏季位于 24°~29°S、75°~78°W 海域，秋季位于秘鲁沿岸 12°~16°S 和智利中部 28°S 附近海域，冬季位于秘鲁沿岸 13°~18°S。

7.2　存在的问题与讨论

本书从年龄生长、种群洄游、产卵场和索饵场三个主要方面研究了茎柔鱼的生活史过程，根据耳石微结构信息鉴定了哥斯达黎加外海、秘鲁外海和智利外海茎柔鱼的年龄，推算了孵化日期，划分了产卵种群，为不同产卵种群建立了生长方程并计算了生长率；根据 LA-ICP-MS 法测定的耳石胚胎期、仔鱼期、稚鱼期、亚成鱼和成鱼期耳石微化学信息，划分了不同地理和产卵种群，证明了茎柔鱼的垂直移动特性；通过成鱼耳石微量元素与 SST 建立的关系重建了产卵场到索饵场的洄游路线；依据繁殖特性的分析结果，探索了三海区茎柔鱼体型群的结构组成，推测了可能的产卵场；利用 two-stage GAM 预测了茎柔鱼的索饵场栖息地。研究结果为掌握茎柔鱼资源变动以及合理开发和科学管理提供理论基础。但是，本书研究仍存在一些不足，有些方面需要补充和完善，有些方面需要今后进一步研究和分析。主要表现为以下三个方面：

(1)样本数量大小分布不均。各海区用于年龄、生长和繁殖特性研究的耳石及生物学样本数量分布不均，秘鲁外海和智利外海样本多达一两千尾，而哥斯达黎加外海样本只有两百多尾。由于捕捞方式是鱿钓，因此缺少胴长小于 150mm 的小个体和胴长大于 800mm 的大个体样本。受渔汛的影响，往往不能做到全年长时间序列的采样，尤其在哥斯达黎加外海采样时间仅在 7 月和 8 月，在智利外海采样时间为上半年 1~6 月。这些因素必然给各海区茎柔鱼年龄、生长、产卵期、繁殖特性、种群结构等研究结果带来偏差，为了全面准确掌握东太平洋茎柔鱼的生活史特性，今后需要运用多种作业方式、延长采样时间、扩大采样范围、增加样本数量，以弥补上述不足。

(2)洄游路线重建。通过成鱼期耳石微量元素与捕捞地点 SST 建立的关系推测了茎柔鱼稚鱼期之后的洄游路线，但是稚鱼期以前游泳能力弱，个体只能随海流飘动，因此要分析此时的游动路线需要结合流场数据进行分析。除了 SST 以外，海水盐度以及食物和海水中的元素浓度也会影响到耳石微量元素的沉积。为了更准确地推算茎柔鱼的洄游路线，以后需要收集这些方面的数据。如果有条件，需要在不同生活史时期所经过的海区采样，或者收集其他学者的研究数据来证明预测的准确性。

(3)索饵场栖息地的研究。茎柔鱼属高度离洄游的大洋性头足类，其资源、渔场的变动与海洋环境及气候变化的关系复杂，尤其在东太平洋海域受厄尔尼诺/拉尼娜事件直接影响，而本书用于索饵场栖息地研究的环境数据只包括 SST、SSH 和 Chl-a，缺少盐度、ENSO 指数等环境数据，加上用于分析的渔业数据时间序列太短，因此本书只是得到了初步的研究结果。今后在获得多年的渔业生产数据和足够的环境数据的基础上，进一步系统深入研究。

7.3　本研究的创新点

(1)建立了头足类耳石提取、研磨、制片、拍照、计数的科学方法。探讨了耳石标记轮及异常结构的形成原因，为研究茎柔鱼孵化时期，仔稚鱼期结束日龄、产卵交配时间与次数、经历突发事件时间与次数等生活史事件提供了理论基础。首次对比分析了哥斯达黎加外海、秘鲁外海和智利外海茎柔鱼年龄、生长，填补了该海域的研究空白。

（2）在国内首次将地球微化学分析手段 LA-ICP-MS 法应用于头足类的耳石微化学分析中，开辟了运用生活史早期耳石微量元素鉴定茎柔鱼种群的新方法，弥补了传统形态学和分子遗传学方法的不足。

（3）国际上首次根据耳石微量元素与海表层温度（SST）关系，重建了智利外海茎柔鱼的洄游路线，该方法为头足类种群洄游的研究提供了新思路，弥补了传统标记重捕、电子标记等方法的缺陷。

（4）国际上首次将 two-stage GAM 应用到头足类的索饵场栖息地研究中，成功解决了渔业生产数据存在大量零产量记录而无法建模的问题。

（5）国际上首次系统地研究了东太平洋海域茎柔鱼的年龄、生长、种群、洄游、产卵场、索饵场等生活史内容，为开展其他重要大洋性经济柔鱼类如西北太平洋柔鱼、西南大西洋阿根廷滑柔鱼生活史的研究提供了借鉴。

7.4　下一步研究

今后的研究工作首先是加强数据收集，提高数据（包括耳石、生物学和渔业统计数据）质量，扩大数据采样空间和范围；优化种群、洄游、索饵场栖息地研究的方法；通过增加形态学、生态学、分子生物学手段，多种方法相结合划分茎柔鱼种群；通过增加海水盐度、海流数据，推测稚鱼期以前茎柔鱼的洄游路线，找出产卵场，并收集相关数据验证预测的准确性；通过增加深层水温、ENSO 指数等海洋环境及气候数据，更准确地分海区预测索饵场位置。希望在本书基础上，通过下一步研究掌握东太平洋茎柔鱼的种群结构特征，明确不同种群的年龄、生长方程、产卵期、产卵场、索饵场、洄游路线，了解不同种群之间的联通性，做到茎柔鱼资源的分区域、分种群管理，确保资源的可持续利用。

参 考 文 献

陈新军. 2004. 渔业资源与渔场学. 北京：海洋出版社：1-382.

陈新军，李建华，刘必林，等. 2012. 东太平洋不同海区茎柔鱼渔业生物学的初步研究. 上海海洋大学学报，12(2)：280-287.

陈新军，刘必林. 2005. 2004 年北太平洋柔鱼钓产量分析及作业渔场与表温的关系. 湛江海洋大学学报，25(6)：41-45.

陈新军，刘必林，钟俊生. 2006. 头足类年龄与生长特性的研究方法进展. 大连水产学院学报，21(4)：371-377.

陈新军，刘金立，许强化. 2006. 头足类种群鉴定方法研究进展. 上海水产大学学报，15(2)：228-233.

陈新军，陆化杰，刘必林，等. 2010. 性成熟和个体大小对智利外海茎柔鱼耳石生长的影响. 水产学报，34(4)：540-547.

陈新军，田思泉. 2007. 利用 GAM 模型分析表温和时空因子对西北太平洋海域柔鱼资源状况的影响. 海洋湖沼通报，2：104-113.

陈新军，赵小虎. 2005. 智利外海茎柔鱼产量分布及其与表温的关系. 海洋渔业，27：173-176.

陈新军，赵小虎. 2006. 秘鲁外海茎柔鱼产量分布及其与表温关系的初步研究. 上海水产大学学报，15(1)：65-70.

官文江，陈新军，高峰，等. 2009. 海洋环境对东、黄海鲐鱼灯光围网捕捞效率的影响. 中国水产科学，16(6)：949-958.

胡振明，陈新军. 2008. 秘鲁外海茎柔鱼渔场分布与表温距平均值关系的初步探讨. 海洋湖沼通报，4：56-62.

胡振明，陈新军，周应祺. 2009a. 东南太平洋茎柔鱼渔业生物学研究进展. 广东海洋大学学报，29(3)：98-102.

胡振明，陈新军，周应祺. 2009b. 秘鲁外海茎柔鱼渔场分布和水温结构的关系. 水产学报，33(5)：770-777.

胡振明，陈新军，周应祺，等. 2010. 利用栖息地指数分析秘鲁外海茎柔鱼渔场分布. 海洋学报，32(5)：67-75.

贾涛，李纲，陈新军，等. 2010. 9—10 月秘鲁外海茎柔鱼摄食习性的初步研究. 上海海洋大学学报，19(5)：663-667.

李思亮，刘必林，陈新军，等. 2011. 西北太平洋柔鱼(*Ommastrephes bartramii*)繁殖生物学初步研究. 海洋与湖沼，42(2)：179-185.

李思亮，陈新军，刘必林，等. 2010. 基于形态法的西北太平洋柔鱼种群结构研究. 中国海洋大学学报，40(3)：43-48.

林祥志，郑小东，苏永全，等. 2006. 蛸类养殖生物学研究现状及展望. 厦门大学学报，45：213-218.

刘必林. 2006. 利用耳石微结构研究印度洋西北海域鸢乌贼的年龄和生长. 上海：上海水产大学硕士学位论文.

刘必林，陈新军，田思泉，等. 2008. 西南大西洋公海阿根廷滑柔鱼性成熟的初步研究. 上海水产大学学报，17(6)：721-726.

刘必林，陈新军. 2010. 头足类生殖系统及其在分类学上的应用. 水产学报，34(8)：1219-1226.

刘必林，陈新军，马金，等. 2010a. 头足类耳石微化学研究进展. 水产学报，34(2)：315-321.

刘必林，陈新军，钱卫国，等. 2010b. 智利外海茎柔鱼繁殖生物学初步研究. 上海海洋大学学报，19(1)：68-73.

刘必林，陈新军，陆化杰，等. 2011. 头足类耳石. 北京：科学出版社.

刘必林，陈新军，贾涛，等. 2012. 哥斯达黎加外海夏季表层浮游动物种类组成及分布. 生态学报，32(5)：1654-1662.

马金，陈新军，刘必林，等. 2009. 西北太平洋柔鱼耳石形态特征分析. 中国海洋大学学报，39(2)：215-220.

马金，刘必林，陈新军，等. 2009. 利用耳石鉴定头足类年龄与生长研究进展. 海洋渔业，31(3)：316-324.

施慧雄，焦海峰，尤仲杰. 2008. 头足类动物繁殖生物学研究进展. 水利渔业，28：5-8.

田思泉，陈新军，杨晓明. 2006. 阿拉伯北部公海海域鸢乌贼渔场分布及其与海洋环境因子关系. 海洋湖沼通报，1：51-57.

王尧耕，陈新军. 2005. 世界大洋性经济柔鱼类资源及其渔业. 北京：海洋出版社，240-264.

肖述，郑小东，王如才，等. 2003. 头足类耳石论文研究进展. 中国水产科学，10(1)：73-78.

徐冰，陈新军，李建华. 2012. 海洋水温对茎柔鱼资源补充量影响的初探. 上海海洋大学学报，21(5)：878-883.

许嘉锦. 2003. *Octopus* 与 *Cistopus* 属章鱼口器地标点之几何形态测量学研究. 高雄：台湾中山大学海洋生物研究所.

闫杰，许强华，陈新军，等. 2011. 东太平洋公海茎柔鱼种群遗传结构初步研究. 水产学报，35(11)：1617-1623.

杨德康. 2002. 两种鱿鱼资源和其开发利用. 上海水产大学学报，11(2)：176-179.

叶旭昌. 2002. 2001年秘鲁外海和哥斯达黎加外海茎柔鱼探捕结果及其分析. 海洋渔业，4：165-168.

叶旭昌，陈新军. 2007. 秘鲁外海茎柔鱼胴长组成及性腺成熟初步研究. 上海水产大学学报，16(4)：347-350.

易倩，陈新军，贾涛，等. 2012. 东太平洋茎柔鱼耳石形态差异性分析. 水产学报，36(1)：55-63.

郑波，陈新军，李纲. 2008. GLM和GAM模型研究东黄海鲐鱼资源渔场与环境因子的关系. 水产学报，32(3)：379-386.

郑曙，胡兆初，史玉芳. 2009. 橄榄石中Ni、Ca、Mn含量的电子探针与激光等离子体质谱准确分析. 地球科学—中国地质大学学报，34(1)：220-224.

郑小东，韩松，林祥志，等. 2009. 头足类繁殖行为学研究现状与展望. 中国水产科学，16(3)：460-465.

Alexander I, Arkhipkin, Vyacheslav A, et al. 2000. Role of the statolith in functioning of the acceleration receptor system in squids and sepioids. Journal of Zoology, 250(1)：31-55.

Alford R A, Jackson G D. 1993. Do cephalopods and the larvae of other taxa grow asymptotically? Amer

Natur, 141: 717-728.

Anatolio T, Carmen Y, Mariategui L, et al. 2001. Distribution and concentrations of Jumbo flying squid (*Dosidicus gigas*) off the Peruvian coast between 1991 and 1999. Fisheries Research, (54): 21-32.

Anderson C I H, Rodhouse P G. 2001. Life cycles, oceanography and variability: Ommastrephidae squid in variable oceanog-raphic environments. Fisheries Research, 54(1): 133-143.

Anon. 1999. Report of the Kaiyo Maru Cruise for study on the resource of two *Ommastrephid squid*, *Dosidicus gigas* and the *Ommastrephes bartramii*, in the Pacific Ocean, September 11-December 24, 1997. Fisheries Agency of Japan.

Argüelles J, Rodhouse P G, Villegas P, et al. 2001. Age, growth and population structure of the Jumbo flying squid *Dosidicus gigas* in Peruvian waters. Fisheries Research, 54: 51-61.

Argüelles J, Tafur R, Keyl F. 2010. Reproductive biology of jumbo squid *Dosidicus gigas* in relation to environmental variability of the northern Humboldt Current System. Mar Ecol Prog Ser, 400: 127-141.

Argüelles J, Tafur R, Taipe A, et al. 2008. Size increment of jumbo flying squid *Dosidicus gigas* mature females in Peruvian waters. Prog Oceanogr, 79: 308-312.

Argüelles-Torres J. 1996. Crecimiento y reclutamiento del calamar gigante *Dosidicus gigas* en el Perú (1991 a 1994). Inf Prog Inst Mar Perú, 23: 1-14 (in Spanish).

Arkhipikin A I. 1996. Age and growth of planktonic squids *Cranchia scabra* and *Liocranchia reinhardti* (Cephalopoda, Cranchiidae) in epipelagic waters of the central-east Atlantic. Journal of Plankton Research, 18(9): 1675-1683.

Arkhipikin A I. 1997. Age and growth of the mesopelagic squid *Ancistrocheirus lesueurii* (Oegopsida: Ancistrocheiridae) from the central-east Atlantic based on statolith microstructure. Mar Biol, 129: 103-111.

Arkhipikin A I. 2004. Diversity in growth and longevity in short-lived animals: squid of the suborder Oegopsina. Mar Fresh Res, 55: 341-355.

Arkhipikin A I. 1996. Geographical variation in growth and maturation of the squid *Illex coindetii* (Oegopsina, Ommatrephidae) off the North-wester African coast. J Mar Biol Assoc UK, 76: 1091-1106.

Arkhipikin A I. 2005. Statolith as 'balck boxes' (life recorders) in squid. Mar Fresh Res, 56: 573-583.

Arkhipkin A I, Bizikov V A, Krylov V V. 1995. Distribution, stock structure and growth of the squid *Berryteuthis magister* (Berry, 1913) (Cephalopoda, Gonatidae) during summer and fall in the western Bering Sea. Fishery Bulletin, 94(1): 10-30.

Arkhipkin A I, Bizikov V A, Krylov V. 1996. Distribution, Stock structure, and growth of the squid *Berryteuthis magister* (Berry, 1913) (Cephalopods, Gonatidae) during summer and fall in western Bering Sea. Fish Bull US, 9: 373-380.

Arkhipkin A I, Bizikov V A. 1991. A comparative analysis of age and growth estimation using statolith and gladius in squids. In: Jerb P, Ragonese S, Boletzky S V, (Eds.), Squid Age Determination Using Statolith: Proceedings of the International Workshop of the Instituto di Tecnologia della Pesca e del Pescato. Italy Spec Publ, No 1: 19-33.

Arkhipkin A I, Bizikov V A. 1998. Statolith in accelerometers of squids and cuttlefish. Ruthenica, 8

（1）：81-84.

Arkhipkin A I, Bizikov V A. 1997. Statolith shape and microstructure in studies of systematics, age and growth in planktonic paralarvae of gonatid squids(Cephalopoda, Oegopsida) from the western Bering Sea. Journal of Plankton Research, 19(12): 1993-2030.

ArkhiPkin A I, Bjùrke H. 1999. Ontogenetic changes in morphometric and reproductive indices of the squid *Gonatus fabricii*(Oegopsida, Gonatidae) in the Norwegian Sea. Polar Biology, 22(6): 357-365.

Arkhipkin A I, Campana S E, FitzGerald J. 2004. Spatial and temporal variation in elemental signatures of statoliths from the Patagonian longfin squid (*Loligo gahi*). Can J Fish Aqua Sci, 61: 1212-1224.

Arkhipkin A I, Golub A N. 2000. Aberrant structure of the statolith postnuclear zone in the squid *Todarodes sagittatus* (Cephalopoda, Ommastrephidae). J Mar Biol Assoc UK, 80: 183-184.

Arkhipkin A I, Jereb P, Ragonese S. 1999. Checks in the statolith microstructure of the short-finned squid, *Illex coindetii* from the Strait of Sicily (Central Mediterranean). J Mar Biol Assoc UK, 79: 1091-1096.

Arkhipkin A I, Jereb P, Ragonese S. 2000. Growth and maturation in two successive groups of the short-finned squid, *Illex coindetii* from the Strait of Sicily(Central Mediterranean). ICES J Mar Sci, 57: 31-41.

Arkhipkin A I, Mikheev A. 1992. Age and growth of the squid *Sthenoteuthis pteropus* (Oegopsida, Ommastrephidae) from the Central East Atlantic. J Exp Mar Biol Ecol, 163(2): 261-276.

Arkhipkin A I, Murzov S A. 1986. Age and growth patterns of *Dosidicus gigas* (Ommastrephidae). In: Resources and prospects of utilization of squid stocks in the world ocean. Moscow VNIRO Press, 107-123.

Arkhipkin A I, Perez J A A. 1998. Life history reconstruction. In: Rodhouse P G, Dawe E G and O'Dor R K. (Eds). Squid Recruitment Dynamics. The Genus as a Model, The Commercial Illex Species and Influence on Variability. FAO, Rome: FAO Fisheries Technical Paper 376, 157-180.

Arkhipkin A I. 1997. Age of the micronektonic squid *Pterygioteuthis gemmata* (Cephalopoda Pyroteuthidae) from the central-east Atlantic based on statolith growth increments. Journal of Molluscan studies, 63: 287-290.

Arkhipkin A I. 1993. Age, growth, stock structure and migratory rate of pre-spawning short-finned squid *Illex argentinus* based on statolith aging investigations. Fish Res, 16: 313-338.

Arkhipkin A I. 1991. Methods for cephalopod age and growth studies with emphasis on statolith ageing techniques, pp. 11-17. In: Jereb P, Ragonese S, Boletzky S V. (Eds.), Proceedings of the International Workshop on Squid Age Determination Using Statoliths, October 9-14, 1989. NTR-ITPP Publ. Especial No. 1. Istituto di Tecnologia della Pesca e del Pescato, Mazara del Vallo, Sicily, Italy, 127.

Arkhipkin A I. 2004. Statoliths as 'black boxes' (life recorders) in squid. Marine and Freshwater Research, 56(5): 573-583.

Arkhipkin A I. 2003. Towards identification of the ecological lifestyle in nektonic squid using statolith morphometry. The Journal of Molluscan Studies, 69(3): 171-178.

Arkhipkin A. 1995. Age, growth and maturation of the European squid *Loligo vulgaris* (Myopida,

Loliginidae) on the west Saharan shelf. J Mar Biol Assoc UK, 75: 593-604.

Ashford J R, Arkhipkin A I, Jones C M. 2006. Can the chemistry of otolith nuclei determine population structure of Patagonian toothfish *Dissostichus eleginoides*? J Fish Biol, 69: 708-721.

Austin M. 2007. Species distribution models and ecological theory: a critical assessment and some possible new approaches. Ecol Model, 200: 1-19.

Balch N, Sirois A, Hurley G V. 1988. Growth increments in statoliths from paralarvae of the ommastrephid squid *Illex* (Cephalopoda: Teuthoidea). Malacologia, 29: 103-112.

Barratt I M, Allock A L. 2010. Ageing octopods from stylets: development of a technique for permanent preparations. ICES J Mar Sci, 67: 1452-1457.

Barry S C, Welsh A H. 2002. Generalized additive modeling and zero inflated count data. Ecol Model, 157: 179-188.

Bath G E, Thorrold S R, Jones C M, et al. 2000. Sr and Ba uptake in aragonitic otoliths of marine fish. Geochim Cosmochim Acta, 64: 1705-1714.

Bazzino G, Gilly W F, Markaida U, et al. 2010. Horizontal movements, vertical-habitat utilization and diet of the jumbo squid (*Dosidcus gigas*) in the Pacific Ocean off Baja California Sur, Mexico. Progress in Oceanography, 86: 59-71.

Beck J W, Edwards R L, Ito E, et al. 1992. Sea-surface temperature from coral skeletal strontium/ calcium ratios. Sci, 257: 644-647.

Bettencourt V, Guerra A. 2001. Age studies based on daily growth increments in statoliths and growth lamellae in cuttlebone of cultured *Sepia officinalis*. Mar Biol, 139: 327-334.

Bettencourt V, Guerra A. 2000. Growth increments and biomineralization process in cephalopod statoliths. J Exp Mar Biol Ecol, 248: 191-205.

Bigelow K. 1992. Age and growth in paralarvae of the mesopelagic squid *Abralia trigonura* based on daily growth increments in statoliths. Mar Ecol Prog Ser, 82: 31-40.

Bizikov V A. 1991. A new method of squid age determination using the gladius. In: Jerb P, Ragonese S, Boletzky S V (Eds.), Squid Age Determination Using Statolith: Proceedings of the International Workshop of the Instituto di Tecnologia della Pesca e del Pescato. Italy Spec Publ, 1: 39-51.

Bizikov V A. 1995. Growth of the squid *Sthenoteuthis oualaneiensis* (Lesson, 1830) from a new method based on gladius microstructure. ICES Mar Sci Symp, 199: 445-458.

Blasković V, Alegre A, Tafur R. 2007. The importance of hake in the diet of the jumbo squid *Dosidicus gigas* in the north of the Peruvian zone (2005-2007). In: Heine J (ed). CalCOFI Conference-Jumbo Squid Invasions in the Eastern Pacific Ocean. Californian Cooperative Oceanic Fisheries Investigations, Hubbs-SeaWorld Research Institute, San Diego, Cal. 67.

Boletzky S, von Hanlon R T. 1983. A review of the laboratory maintenance, rearing and culture of cephalopod molluscs. Mem Nat Mus Victoria, 44: 147-187.

Borges T C. 1990. Discriminate analysis of geographic variation in hard structures of *Todarodes sagittatus* (Lamarek 1798) from North Atlantic Ocean. ICES Shell Symposium Paper. 44.

Boucher-Rodoni R, Martin M, Peduzzi R. 1995. Preliminary results of a comparative study of cephalopod eye-lens proteins: the sepiolids. Bull Inst Oceanogr Monaco, 16(special): 93-98.

Brito-Castillo L，Alc antara-Razo E，Morales-Azpeitia R，et al. 2000. Water temperatures in the gulf of California in May and June 1996 and their relation to the capture of Giant squid (*Dosidicus gigas* D'Orbigny，1835). Ciencias Marinas，26(3)：413-440.

Bruneti N E，Ivanovic M L. 1992. Distribution and abundance of early stages of squid (*Illex argentinus*) in the south-west Atlantic. ICES J Mar Sci，49：175-183.

Bustamante P，Teyssié J L，Fowler S W. 2002. Biokinetics of zinc and cadmium accumulation and depuration at different stages in the life cycle of the cuttlefish Sepia officinalis. Mar Ecol Prog Ser，231：167-177.

Caddy J E. 1991. Daily rings on squid statolith：An opportunity to test standard population model? In：P. Jereb，S. Ragonese and S. von Boletzky (Eds.)，Squid Age Determination using Statolith. Proc. Int. Workshop，Instituteo di Technologia della Pesca del Pescato. NTR-ITPP Special Publication，53-66.

Caddy J F. 1983. The cephalopods：factors relevant to their population dynamics and to the assessment and management of stocks. In：Caddy J F (Eds.)，Advances in Assessment of World Cephalopod Resources. FAO Fisheries Technical Paper，231：416-449.

Cairistion I H，Anderson，Paul G R. 2001. Life cycles，oceanography and variability：ommastrephid squid in variable oceanographic environments. Fisheries Research，54：133-143.

Campana S E. 1999. Chemistry and composition of fish otoliths：pathways，mechanisms and applications. Mar Ecol Prog Ser，188：263-297.

Chang J H，Chen Y，Holland D，et al. 2010. Estimating spatial distribution of American lobster *Homarus americanus* using habitat variables. Mar Ecol Prog Ser，420：145-156.

Chen X J，Liu B L，Tian S Q，et al. 2007. Fishery biology of purpleback squid，*Sthenoteuthis oualaniensis*，in the northwest Indian Ocean. Fish. Res.，83：98-104.

Chen X J，Lu H J，Liu B L，et al. 2011. Age，growth and population structure of jumbo flying squid，*Dosidisus gigas*，based on statolith microstructure off the Exclusive Economic Zone of Chilean waters. J Mar Biol Assoc UK，91(1)：229-235.

Chen Y，Jackson D A，Harvey H H. 1992. A comparison of von Bertalanffy and Polynomial functions in modelling fish growth data. Can. J. Fish. Aquat. Sci.，49：1228-1235.

Choe S. 1966. On the growth，feeding rates and the efficiency of food conversuion for cuttlefishes and squids. Corean J Zool，10 (2)：12-20.

Chong J，Oyarzún C，Galleguillos R，et al. 2005. Parametros biológico-pesqueros de la jibia，*Dosidicus gigas* (Orbigny，1835) (Cephalopoda：Ommastrephidae)，frente a la costa de Chile Central (29°-40°S) durante 1993-1994. Gayana (Zool) 69：319-328.

Clarke M R，Maddock L. 1988. Statolith from living species of Cephalopods and Evolution [C] //(Clarke M R，Trueman E R，eds). The Mollusca，Paleontology and Neontology of Cephalopods. San Diego：Academic Press，169-184.

Clarke M R. 1978. The cephalopod statolith：an introduction to its form. Marine Biological Association of the United Kingdom，58(1)：701-712.

Clarke R，Paliza O. 2000. The Humboldt Current squid *Dosidicus gigas* (Orbigny，1835). Rev Biol Mar Oceanogr，35：1-38.

Dawe E G, Beck P C. 1992. Population structure, growth and sexual maturation of short-finned squid at Newfoundland, Canada, based on statolith analysis. ICES C M, /K: 33: 1-23.

Díaz-Uribe J G, Hernández-Herrera A, Morales-Bojórquez E, et al. 2006. Histological validation of the gonadal maturation stages of female jumbo squid (*Dosidicus gigas*) in the Gulf of California, Mexico. Cienc Mar, 32: 23-31.

Doubleday Z A, Semmens J M, Pecl G, et al. 2006. Assessing the validity of stylets ageing tools in *Octopus pallidus*. J Exp Mar Biol Ecol, 338: 35-42.

Doubleday Z A, Pecl G T, Semmens J M, et al. 2008a. Stylet elemental signatures indicate populaiton structure in a holobenthic octopus species, *Octopus pallidus*. Mar Ecol Prog Ser, 371: 1-10.

Doubleday Z A, Pecl G T, Semmens J M, et al. 2008b. Using stylet elemental signatures to determine the population structrure of *Octopus maorum*. Mar Ecol Prog Ser, 360: 125-133.

Durholtz M D, Lipinski M R, Przybylowicz W J, et al. 1997. Nuclear microprobe mapping of statoliths of Chokka Squid *Loligo vulgaris reynaudii* d'Orbigny, 1845. Biol Bull, 193: 125-140.

Durholtz M D, Kretsinger R H, Lipinski M R. 1999. Unique proteins from the statoliths of *Lolligurncula brevis* (Cephalopoda: loliginidae). Comp Biochem Physiol B, 123: 381-388.

Durholtz M D, Lipinski M R. 2000. Influence of temperature on the microstructure of statoliths of the thumbstall squid *Lolliguncula brevis*. Mar Biol, 136: 1029-1037.

Durholtz M D, Lipinski M R, Field J G. 2002. Laboratory validation of periodicity of increment in statoliths of the South African chokka squid *Loligo vulgaris reynaudii* (d'Orbigny, 1845): a reevaluation. J Exp Mar Biol Ecol, 279: 41-59.

Eastwood P D, Meaden G J, Grioche A. 2001. Modeling spatial variations in spawning habitat suitability for the sole, *Solea solea*, using regression quantiles and GIS procedures. Mar Ecol Prog Ser, 224: 251-266.

Efthymia V T, Christos D M, John H. 2007. Modeling and forecasting pelagic fish production using univariate and multivariate ARIMA models. Fish Sci, 73(5): 979-988.

Ehrhardt N M, Jacquemin P S, Solís N A, et al. 1982. Crecimiento del calamar gigante *Dosidicus gigas* en el Golfo de California, Mexico, Durante 1980. Cienc Pesq, 3: 33-39.

Ehrhardt N M, Jacquemin P S, Garcísa B F, et al. 1983. On the fishery and biology of the giant squid *Dosidicus gigas* in the Gulf of California, Mexico. In: Caddy J F (Eds.), Advances in Assessment of World Cephalopod Resources. FAO Fisheries Technical Paper, 231: 306-339.

Fiedler P C. 2002. The annual cycle and biological effects of the Costa Rica Dome. Deep-Sea Research I, 49: 321-338.

Forrester G E, Swearer S E. 2002. Trace elements in otoliths indicate the use of open-coast verses bay nursery habitats by juvenile California halibut. Mar Ecol Prog Ser, 241: 201-213.

Forsythe J W, Van Heukelem W F. 1987. Growth. In: Boyle P R (Eds.), Cephalopod Life Cycles, vol. II, Comparative Reviews. Academic Press, London, 1-441.

Forsythe J W. 2004. Accounting for the effect of temperature on squid growth in nature: from hypothesis to practice. Mar. Fresh. Res., 55: 331-339.

Georgakarakos S, Koutsoubas D, Valavanis V D. 2006. Time series analysis and forecasting techniques applied on loliginid and ommastrephid landings in Greek waters. Fish Res, 78: 55-71.

Gilly W F, Elliger C A, Salinas-Zavala C A, et al. 2006a. Spawning by jumbo squid *Dosidicus gigas* in the San Pedro Martir Basin, Gulf of California, Mexico. Mar Ecol Prog Ser, 313: 125-133.

Gilly W F, Markaida U, Baxter C H, et al. 2006b. Vertical and horizontal migrations by the jumbo squid *Dosidicus gigas* revealed by electronic tagging. Mar Ecol Prog Ser, 324: 1-17.

González A F. 1994. Bioecología de Illex coindetii Vérany, 1839 (Cephalopoda: Ommastrephidae) de las aguas de Galicia Ph. D. Thesis. Facultad de Biología, Universidad de Vigo: 237.

González P, Chong J. 2006. Biología reproductiva de *Dosidicus gigas* D'Orbigny 1835 (Cephalopoda, Ommastrephidae) en la Zona Norte-Centro de Chile. Gayana (Zool), 70: 237-244.

Guerrero-Escobedo F J, Galván-Magaña F, León-Carballo G, et al. 1992. Abundancia relative y composición de tallas del calamar gigante *Dosidicus gigas*, D'Orbigny(1935), en la costa oriental de Baja California Sur, México. Unpubl. Manu. Ⅳ. Congreso de la Asociación de Investigadores del Mar de Cortés, Ensenada, B. C., México, Septiembre 2-4, 14. (in Spannish).

Guisan A, Edwards T C, Hastie T. 2002. Generalized linear and generalized additive models in studies of species distributions: setting the scene. Ecol Model, 157: 89-100.

Hamer P A, Jenkins G P, Gillanders B M. 2005. Chemical tags in otoliths indicate the importance of local and distant settlement areas to populations of a temperate sparid, *Pagrus auratus*. Can J Fish Aquat Sci, 62: 623-630.

Hanlon R T. 1990. Mariculture. In: Boyle P R (Eds), Cephalopod Life Cycles. Vol. II. Academic Press, 1987, 291-305.

Hanlon R T, Bidwell J P, Tait R. 1989. Strontium is required for statolith development and thus normal swimming behavior of hatching cephalopods. J Exp Biol, 141: 187-195.

Hastie T, Tibshirani R. 1990. Generalized additive models. Chapman and Hall, London, 1-335.

Hatfield E M. 1991. Post-recruit growth of the Patagonian squid, *Loligo gahi* (D'Orbigny, 1835). Bullf Mar Sci, 49: 349-361.

Hermosilla C A, Rocha F, Fiorito G, et al. 2010. Age validation in common octopus *Octopus vulgaris* using stylet increment analysis. ICES J Mar Sci, 67: 1458-1463.

Hernández Herrera A, Morales Bojórquez E, Nevares-Martínez M O, et al. 1996. Distribución de tallas y aspectos reproductivos del calamar gigante (*Dosidicus gigas*, D'Orbigny, 1835) en el Golfo de California, México, en 1996. Cienc Pesq, 12: 85-89.

Hernández-López J L, Castro-Hernández J L, Hernández-Garcia V. 2001. Age determined from the daily deposition of concentric rings on common octopus (*Octopus vulgaris*) beaks. Fish Bull, 99(4): 679-684.

Hoving H J T, Lipinski M R, Roeleveld M A C, et al. 2007. Growth and mating of southern African *Lycoteuthis lorigera* (Steenstrup, 1875) (Cephalopoda: Lycoteuthidae). Rev Fish Biol Fish, 17: 259-270.

Hu Z C, Gao S, Liu Y S, et al. 2008. Signal enhancement in laser ablation ICP-MS by addition of nitrogen in the central channel gas. J Anal Atom Spectr, 23: 1093-1101.

Hurley G V, O'Dense P H, O'Dor R K, et al. 1985. Strontium labeling for verifying daily growth increments in the statolith of the short-finned squid (*Illex illecebrosus*). Can J Aquat Sci, 42: 280-283.

Ibáñez C M，Cubillos L A. 2007. Seasonal variation in the length structure and reproductive condition of the jumbo squid *Dosidicus gigas* (d'Orbigny，1835) off central-south Chile. Sci Mar，71(1)：123-128.

Ibáñez C M，Arancibia H，Cubillos L A. 2008. Bias in determining the diet of jumbo squid *Dosidicus gigas* (D'Orbigny 1835) (Cephalopoda：Ommastrephidae) off southern-central Chile (34°-40°S). Helgol. Mar. Res.，62：331-338.

Ibáñez C M，Keyl F. 2010. Cannibalism in cephalopods. Rev. Fish. Biol. Fish.，20：123-136.

Ichii T，Mahapatra K，Watanabe T，et al. 2002. Occurrence of jumbo fying squid *Dosidicus gigas* aggregations associated with the countercurrent ridge off the Costa Rica Dome during 1997 El Niño and 1999 La Niña. Mar Ecol Prog Ser，231：151-166.

Ikeda Y，Arai N，Sakamoto W. 1995. Preliminary report on the PIXE analysis of the squid statoliths. Int J PIXE，5(2-3)：159-162.

Ikeda Y，Arai N，Sakamoto W，et al. 1996a. Relationship between statoliths and environmental variables in cephalopods. Int J PIXE，6：339-345.

Ikeda Y，Arai N，Sakamoto W，et al. 1996b. PIXE analysis of trace elements in squid statoliths：compositon between Ommastrephidae and Loliginidae. Int J PIXE，6：537-542.

Ikeda，Y，Arai N，Sakamoto W，et al. 1997. Comparison on trace elements in squid statoliths of different species' origin as available key for taxonomic and phylogenetic study. Int J PIXE，7：141-146.

Ikeda，Y，Arai N，Sakamoto W，et al. 1999. Preliminary report on PIXE analysis for trace elements of *Octopus dofleini* statoliths. Fish Sci，65(1)：161-162.

Ikeda Y，Okazaki J，Sakurai Y，et al. 2002. Periodic variation in Sr/Ca ratios in statoliths of the Japanese common squid *Todarodes pacificus* Steenstrup，1880(Cephalopoda：Ommastrephidae) maintained under constant water temperature. J Exp Mar Biol Ecol，273：161-170.

Ikeda Y，Yatsu A，Arai N，et al. 2002. Concentration of statolith trace elements in the jumbo flying squid during El Niño and non-El Niño years in the eastern Pacific. J Mar Biol Assoc UK，82：863-866.

Ikeda Y，Arai N，Kidokoro H，et al. 2003. Strontium：calcium ratios in statoliths of Japanese common squid *Todarodes pacificus* (Cephalopoda：Ommastrephidae) as indicators of migratory behaviour. Mar Ecol Progr Ser，251：169-179.

Itami K，Izava Y，Maeda S. 1963. Notes on the laboratory culture of the octopus larvae. Bull Jap Soc Sci Fish，29：514-520.

Jackson G D. 1990. The use of tetracycline staining techniques to determine statolith growth ring periodicity in the tropical Loligind squids *Loliolus nocticula* and *Loligo chinensis*. Veliger，33(4)：389-393.

Jackson G D. 1993. Growth zones within the statolith microstructure of the deepwater squid *Moroteuthis ingens* (Cephalopoda：Onychoteuthidae)：evidence for a habitat shift. Can J Fish Aquat Sci，50：2365-2374.

Jackson G D. 1994. Application and future potential of statolith increment analysis in squids and sepioids. Can J Fish Aquat Sci，51：2612-2625.

Jackson G D，Arkhipkin A I，Bizikov V A，et al. 1993. Laboratory and field corroboration of age and growth from statoliths and gladii of the loliginid squid *Sepioteuthis lessoniana* (Mollusca：Cephalopoda). In：Okutani T，O'Dor R K，Kubodera T (Ed). Recent Advances in Cephalopod fisherises biology.

Tokyo：Tokai University Press，189-200.

Jackson G D，Choat H. 1992. Growth in tropical cephalopods：an analysis based on statolith microstructure. Can J Fish Aquat Sci，49：218-228.

Jackson G D，Forsythe J W，Hixon R F，et al. 1997. Age，growth and maturation of *Loligo unculabrevis* (Cephalopoda：Loliginidae) in the northwestern Gulf of Mexico with a comparison of length frequency vesus statolith age analysis. Can J Fish Aquat Sci，54：2920-2929.

Jackson G D，Alford R A，Choat J H. 2000. Can length frequency analysis be used to determine squid growth? —An assessment of ELEFAN. ICES J Mar Sci，57：948-954.

Jackson G D，Forsythe J W. 2002. Statolith age validation and growth of *Loligo Plei* (Cephalopoda：Loliginidae) in the north-west Gulf of Mexico during spring/summer. J Mar Biol Assoc UK，82：1-2.

Jackson G D，Domeier M L. 2003. The effects of an extraordinary El Niño / La Niña event on the size and growth of the squid *Loligo opalescens* off Southern California. Mar. Biol.，142：925-935.

Jarre A，Clarke M R，Pauly D. 1991. Re-examination of growth estimates in oceanic squids：the case of *Kondakovia longimana* (Onychoteuthidae). ICES J Mar Sci，48：195-200.

Jensen O P，Seppelt R，Miller T J，et al. 2005. Winter distribution of blue crab *Callinectes sapidus* in Chesapeake Bay：application and cross-validation of a two-stage generalized additive model. Mar Ecol Prog Ser，299：239-255.

Kalish J M. 1990. Use of otolith microchemistry to distinguish the progeny of sympatric anadromous and non-anadromous salmonids. Fish Bull US，88：657-666.

Keyl F，Argüelles J，Mariátegui L，et al. 2008. A hypothesis on range expansion and spatio-temporal shifts in size-at-maturity of jumbo squid (*Dosidicus gigas*) in the Eastern Pacific Ocean. CCOFI Rep，49：119-128.

Keyl F. 2009. The cephalopod *Dosidicus gigas* of the Humboldt current system under the impact of fishery and environmental variability. University of Bremen，1-214.

Koronkiewicz A. 1988. Biological characteristics of jumbo flying squid *Dosidicus gigas* caught in open waters of the Eastern Central Pacific from October to December 1986. ICES C. M. 42：6-18.

Koueta N，Andrade J P，Boletzky S V，et al. 2006. Morphometrics of hard structures in cuttlefish. Vie Et Milieu-life and Environment，56(2)：121-127.

Kristensen T K. 1980. Periodical growth rings in cephalopod statoliths. Dana，1：39-51.

Kupschus S. 2003. Development and evaluation of statistical habitat suitability models：an example based on juvenile spotted seatrout *Cynoscion nebulosus*. Mar Ecol Prog Ser，265：197-212.

Laptikhovsky V V，Arkhipkin A I，Golub A A. 1993. Larval age，growth and mortality in the oceanic squid *Sthenoteuthis pteropus* (Cephalopoda，Ommastrephidae) from the eastern tropical Atlantic. J Plankton Res，15：375-384.

Lea D W，Shen G T，Boly E A. 1989. Coralline barium records temporal variability in equatorial Pacific upwelling. Nature，340：373-376.

Lehmann A，Overton J M，Leathwick J R. 2002. GRASP：generalized regression analysis and spatial prediction. Ecol Model，157：189-207.

Lipinski M. 1979. The information concerning current research upon ageing procedure of squids. ICNAF

Working Paper, 40: 4.

Lipinski M R. 1991. Practical procedures of squid ageing using statoliths. A laboratory manual. Scanning Electron Microscopy (SEM) and chemical treatment. In: Jereb P, Ragonese S, Boletzky S von (Eds.), Squid age determination using statoliths. Proceedings of the international workshop held in the Istituto di Tecnologia della e del Pescato (ITPP-CNR), Mazara del Vallo, Italy, 9-14 October 1989. N T R. -I T P P. Special Publications, 1: 97-112.

Lipinski M R. 1993. The deposition of statoliths: a working hypothesis. In: Okutani T, O'Dor R, Kubodera T (Eds.), Recent advances in cephalopod fisheries biology. Tokai University Press, Tokyo, 241-262.

Lipinski M R, Roeleveld M A C, Underhill L G. 1993. Comparison of the statoliths of *Todaropsis eblanae* and *Todarodes angolensis* (Cephalopoda: Ommastrephidae) in South African waters. Tokyo: Tokai University Press, 263-273.

Lipinski M R, Underhill L G. 1995. Sexual maturation in squid: quantum or continuum. S Afr J Mar Sci, 15: 207-223.

Lipinski M, Przybylowicz W J, Durholtz M D, et al. 1997. Quantitative micro-PIXE mapping of squid statoliths. Nucl Instr Meth Phys Res B, 130: 374-380.

Lipinski M R, Durholtz M D, Underhill L G. 1998. Field validation of age readings from the statoliths of chokka squid (*Loligo vulgaris reynaudii* d'Orbigny, 1845) and an assessment of associated errors. ICES J Mar Sci, 55: 240-257.

Liu B L, Chen X J, Lu H J, et al. 2010. Fishery biology of the jumbo squid *Dosidicus gigas* off Exclusive Economic Zone of Chilean waters. Sci Mar, 74: 687-695.

Liu B L, Chen X J, Chen Y, et al. 2011. Trace elements in the statoliths of jumbo flying squid off the Exclusive Economic Zones of Chile and Peru. Mar Ecol Prog Ser, 429: 93-101.

Liu Y S, Hu Z C, Gao S, et al. 2008. In situ analysis of major and trace elements of anhydrous minerals by LA-ICP-MS without applying an internal standard. Chemical geology, 257(1-2): 34-43.

Macy III W K. 1992. Preliminary age determination of the squid, *Loligo pealei*, using digital imaging. ICES C M, 26-IX-92: 8.

Mafalda V, Graham J P, Janine I, et al. 2009. Seasonal movements of veined squid *Loligo forbesi* in Scottish (UK) waters. Aquat Living Resour, 22(3): 291-305.

Maravelias C D, Reid D G. 1997. Identifing the effects of oceanographic features and zooplankton on prespawning hering abundance using generalized additive models. Mar Ecol Prog Ser, 147: 1-9.

Markaida U. 2006. Population structure and reproductive biology of jumbo squid *Dosidicus gigas* from the Gulf of California after the 1997-1998 El Niño event. Fish Res, 79: 28-37.

Markaida U, Sosa-Nishizaki O. 2001. Reproductive biology of jumbo squid *Dosidicus gigas* in the gulf of Califonia, 1995-1997. Fish Res, 54: 63-82.

Markaida U, Sosa N O. 2003. Food and feeding habits of jumbo squid *Dosidicus gigas* (Cephalopoda: Ommastrephidae) from the Gulf of California. Mexico. J. Mar. Biol. Assoc. U. K., 83: 507-522.

Markaida U, Sosa N O. 2004. Age, growth and maturation of jumbo squid *Dosidicus gigas* (Cephalopoda: Ommastrephidae) from the Gulf of California, Mexico. Fisheries Research, 66: 31-47.

Markaida U, Quiñónez-Velázquez C, Sosa-Nishizaki O. 2004. Age, growth and maturation of jumbo squid *Dosidicus gigas* (Cephalopoda: Ommastrephidae) from the Gulf of California, Mexico. Fish Res, 66: 31-47.

Markaida U, Rosenthal J J, Gilly W F. 2005. Tagging studies on the jumbo squid (*Dosidicus gigas*) in the Gulf of California, Mexico. Fish Bull, 103: 219-226.

Markaida U, Gilly W F, Salinas Z C A, et al. 2008. Food and feeding of jumbo squid *Dosidicus gigas* in the Gulf of California during 2005-2007. CalCOFI Rep. , 49: 90-103.

Martínez-Aguilar S, Morales-Bojórquez E, Díaz-Uribe J G. 2004. La pesquería del calamar gigante (*Dosidicus gigas*) en el Golfo de California. Recomendaciones de investigación y tácticas de regulación, Comisión Nacional de Acuacultura y Pesca y Instituto Nacional de la Pesca, La Paz, Mexcio.

Masuda S, Yokawa K, Yatsu A, et al. 1998. Growth and population structure of *Dosidicus gigas* in the southeastern Pacific Ocean, pp. 107-118. In: Okutani, T. (Ed.), Contributed Papers to International Symposium on Large Pelagic Squids, Tokyo, July 18-19, 1996. JAMARC, 1-269.

Mayr E, Linsley E G, Usinger R L. 1953. Methods and principles of system at iczoology. New York and London: McGraw Hill, 23-39, 125-154.

Mejía-Rebollo A, Quiñónez-Velázquez C, Salinas-Zavala C A, et al. 2008. Age, growth and maturity of jumbo squid (*Dosidicus gigas* D'Orbigny, 1835) off the western coast of the Baja California Peninsula. CalCOFI, 49: 256-262.

Mitsuguchi T, Matsumoto E, Abe O, et al. 1996. Mg/Ca thermometry in coral skeletons. Sci, 274: 961-931.

Miyahara K, Ota T, Goto T, Gorie S. 2006. Age, growth and hatching season of the diamond squid *Thysanoteuthis rhombus* estimated from statolith analysis and data in the western Sea of Japan. Fisheries Research, 80: 211-220.

Morales-Bojórquez E, Cisneros-Mata M A, Nevárez-Martínez M O, et al. 2001. Review of stock assment and fishry biology of *Dosidicus gigas* in the Gulf of California, Mexico. Fish Res, 54: 83-84.

Morán-Angulo J O. 1990. Proyecto de investigación biológica pesquera de calamar gigante (*Dosidicus gigas*, D'Orbingy 1835) de la zona suroccidental del Golfo de California. Unpublished Report. CRIP La Paz, INP, 1-104. (in Spanish).

Morris C C, Aldrich F A. 1985. Statolith length and increment number for age determination of *Illex illecebrosus* (LeSueur, 1821) (Cephalopoda: Ommastrephidae). NAFO Sci Council Stud, 9: 101-106.

Morris C C. 1991a. Methods for in situ experiments on statolith increment formation, with results for embryos of *Alloteuthis subulata*. In: Jereb P, Ragonese S, Boletzky S (Eds.), Squid age determination using statoliths. Proceedings of the International Workshop, Mazara del Vallo, Italy, 9-14 October 1989. Special publication No. 1, Istituo di Tecnologia della Pesca e del Pescato, Mazara del Vallo. 67-72.

Morris C C. 1991b. Statocyst fluid composition and its effects on calcium carbonate precipitation in the squid *Alloteuthis subulata* (Lamarck, 1798): towards a model for biomineralization. Bull Mar Sci, 49: 379-388.

Murphy E J, Rodhouse P G. 1999. Rapid selection in a short-lived semelparous squid species exposed to exploitation: inferences from the optimisation of life-history functions. Evolutionary Ecology, 13 (6): 517-537.

Nagawasa K, Takayanagi S, Takami T. 1993. Cephalopod tagging and marking in Japan, a review. In: Okutani T, O'Dor R K, Kubodera T (Eds.), Recent advances in cephalopod fisheries biology. Tokai University Press, Tokyo, 313-330.

Natsukari Y, Nakanose T, Oda K. 1988. Age and growth of the loliginid squid *Photololigo edulis* (Holye, 1885). J Exp Mar Biol Ecol. 116: 177-190.

Neilson J D, Geen G H Chan B. 1985. Variability in dimensions of salmonid otoltih nuclei: implications for stock identification and microstructure interpretation. Fish Bull, 83(1): 81-90.

Nesis K N. 1970. The biology of the giant squid of Peru and Chile, *Dosidicus gigas*. Oceanology, 10(1): 108-118.

Nesis K N. 1983. *Dosidicus gigas*. In: Boyle P R (Eds.), Cephalopod life cycles. London: Academic Press, 215-231.

Nevárez-Martínez M O, Hernández-Herrera A, Morales-Bojórquez E, et al. 2000. Biomass and distribution of the jumbo squid(*Dosidicus gigas*; d'Orbigny, 1835) in the Gulf of California, Mexico. Fish Res, 49: 129-140.

Nigmatullin Ch M. 1989. Mass squids of the south-west Atlantic and brief synopsis of the squid (*Illex argentinus*). Frente Maritimo, 5(A): 71-81.

Nigmatullin Ch M, Nesis K N, Arkhipkin A I. 2001. A review of the biology of the jumbo squid *Dosidicus gigas* (Cephalopoda: Ommastrephidae). Fish Res, 54: 9-19.

O'Dor R K. 1992. Big squid in big currents. S Afr J Mar Sci, 12: 225-235.

O'Dor R K, Balch N. 1985. Properties of *Illex illecebrosus* egg masses potentially influencing larval oceanographic distribution. NAFO Sci Coun Stud, 9: 69-76.

O'Dor R K, Coelho M L. 1993. Big squid, big currents and big fisheries [C] //Okutani T, O'Dor R K, Kubodera T(Eds). Recent advances in fisheries biology. Tokyo: Tokai University Press, 385-396.

Perez-Losada M, Guerra A, Sanjuan A. 1996. Allozyme electrophoretic technique and phylogenetic relationships in three species of Sepia (Cephalopoda: Speiidae). Comp Biochem Physiol B, 114: 11-18.

Perguson G, Messenger J, Budelmann B. 1994. Gravity and light influence the countershading reflexes of the cuttlefish *Sepia officinalis*. J Exp Biol, 191: 247-256.

Radtke R L. 1983. Chemical and structural characteristic of statoliths from the short-finned squid *Illex illecebrosus*. Mar Biol, 76: 47-54.

Ramírez M, Klett-Traulsen A. 1985. Composición de tallas de la captura de calamar gigante en el Golfo de California durante 1981. Transactions CIBCASIO, 10: 123-137.

Ray N, Lehmann A, Joly P. 2002. Modelling spatial distribution of amphibian populations: a GIS approach based on habitat matrix permeability. Biodivers Conserv, 11: 2143-2165.

Raya C P, Hernández-González C L. 1998. Growth lines within the beak microstructure of the *Octopus vulgaris* Cuvier, 1797. S Afr J Mar Sci, 20: 135-142.

Ré P, Narciso L. 1994. Growth and cuttlebone microstructure of juvenile cuttlefish, *Sepia officinalis*, under controlled conditions. J Exp Mar Biol Ecol, 177: 73-78.

Ricardo T, Piero V, Miguel R, et al. 2001. Dynamics of maturation, seasonality of reproduction and spawning grounds of the jumbo squid *Dosidicus gigas* (Cephalopoda: Ommastrephidae) in Peruvian waters. Fish Res, 54: 33-50.

Richard A. 1969. The part played by temperature in the rhythm of formation of markings on the shell of cuttlefish (*Sepia officinalis*) L. (Mollusca, Cephalopoda). Experientia, 25(10): 1051-1052.

Roberts M J, Sauer W H H. 1994. Environment: the key to understanding the South African chokka squid (*Loligo vulgaris reynaudii*) life-cycle and fishery. Ant Sci, 6: 249-258.

Rocha F, Guerra Á, González Á F. 2001. A review of reproductive strategies in cephalopods. Biol Rev, 2001, 76: 291-304.

Rocha F, Vega M. 2003. Overview of cephalopod fisheries in Chilean waters, Fish Res, 60: 151-159.

Rodhouse P G. 2001. Managing and forecasting squid fisheries in variable environments. Fisheries Research, 54(1): 3-8.

Rodhouse P G, Hatfield E M C. 1990. Age determination in squid using statolith growth increments. Fish, Res, 8: 323-334.

Rodhouse P G, Robinson K, Gajdatsy S B, et al. 1994. Growth, age structure and environmental history in the cephalopod *Martialia hyadei* (Teuthoidea: Ommastrephidae) at the Atlantic Polar Frontal Zone and on the Patagonian Shelf Edge. Antarct Sci, 6: 259-267.

Roper C F E, Young R E. 1975. Vertical distribution of pelagic cephalopods. Smithsonian contributions to zoology, no. 209. Smithsonian Institution Press, Washington, DC, 1-51.

Rosas-Luis R, Salinas-Zavala C A, Koch V, et al. 2008. Importance of jumbo squid *Dosidicus gigas* (Orbigny, 1835) in the pelagic ecosystem of the central Gulf of California. Ecol Model, 218: 149-161.

Rowell T W, Young J H, Poulard J C, et al. 1985. Changes in the distribution and biological characteristics of *Illex illecebrosus* on the Scotian shelf, 1980-83. NAFO Sci Cou Stud, 9: 11-26.

Rubio R J, Salazar C C. 1992. Prospección pesquera del calamar gigante (*Dosidicus gigas*) a bordo del buque japonés 'Shinko Maru 2'. Inf IMARPE, 103: 3-32.

Sánchez P. 1996. Biologcial aspects of *Dosidicus gigas* in Mexican Pacific Ocean. Abstract of the Tropical Cephalopods Fisheries Biology and Ecology, Brisbane, Brisbane, Australia, Auguest 4-7, 21-22.

Sánchez P. 2003. Cephalopods from off the Pacific coast of Mexico: biological aspects of the most abundant species. Sci Mar, 67: 81-90.

Sandoval-Castellanos E, Uribe-Alcocer M, Díaz-Jaimes P. 2007. Population genetic structure of jumbo squid (*Dosidius gigas*) evaluated by RAPD analysis. Fish Sci, 83: 113-118.

Sato T. 1976. Results of exploratory fishing for *Dosidicus gigas* (D'Orbigny) off California and Mexico. FAO Fish Rep, 170: 61-67.

Sauer W H H, Goschen W S, Koorts A S. 1991. A preliminary investigation of the effect of sea temperature fluctuations and wind direction on catches of Chokka squid *Loligo vulgaris reynaudii* off the Eastern Cape, South Africa. S Afr J Mar Sci, 11: 467-473.

Segawa S, Hirayama S, Okutani T. 1993. Is Sepioteuthis lessoniana in Okinawa a single species? In: Okutani T, O'Dor R K, Kubodera T (Eds.), Recent advances in cephalopod fisheries biology, Tokyo: Tokai University Press, 513-521.

Semmerns J M, Pecl G T, Gillanders B M, et al. 2007. Approaches to resolving cephalopod movement and migration patterns. Rev Fish Biol Fish, 17: 401-423.

Sifner S K. 2008. Method for age and growth determination in cephalopods. Ribarstvo, 66(1): 25-34.

Smith P J, Roberts P E, Hurst R J. 1981. Evidence for two species of arrow squid in New Zealand fishery. N Z J Mar Fresh Res, 15: 247-253.

Soeda J. 1950. Migration of the Surume Squid *Ommastrephes sloani pacificus* (Steenstrup), in the coastal waters of Japan. Sci Pap Exp Fish Int Hokkaido, 4: 1-30.

Staaf D J, Camarillo-Coop S, Haddock S H D, et al. 2008. Natural egg mass deposition by the Humboldt squid (*Dosidicus gigas*) in the Gulf of California and characteristics of hatchlings and paralarvae. Je Mar Biol Assoc UK, 88(4): 759-779.

Swartzman G, Huang C H, Kaluzny S. 1992. Spatial analysis of Bering Sea groundfish survey data using generalized additive models. Can J Fish Aquat Sci, 49(7): 1366-1378.

Swartzman G, Stuetzle W, Kulman K, et al. 1994. Relating the distribution of Pollock achools in the Bering Sea to environmental factors. ICES J Mar Sci, 51(4): 481-492.

Swartzman G, Silverman E, Villianmson N. 1995. Relating trends in walleye Pollock (*Theragra halcogramma*) abundance in the Bering Sea to environmental factors. Can J Fish Aquat Sci, 52(2): 369-380.

Tafur R, Rabí M. 1997. Reproduction of the jumbo flhying squid, *Dosidicus gigas* (Orbigny, 1835) (Cephalopoda: Ommastrephidae) off Peruvian coasts. Sci Mar, 61(Supl. 2): 33-37.

Tafur R, Villegas P, Rabí M, et al. 2001. Dynamics of maturation, seasonality of reproduction and spawning grounds of the jumbo squid *Dosidicus gigas* (Cephalopoda: Ommastrephidae) in Peruvian waters. Fish Res, 54: 33-50.

Taipe A, Yamashiro C, Mariategui L, et al. 2001. Distribution and concentration of jumbo flying squid (*Dosidicus gigas*) off the Peruvian coast between 1991 and 1999. Fish Res, 54: 21-32.

Thorrold S R, Latkoczy C, Swart P K, et al. 2001. Natal homing in a marine fish metapopulation. Sci, 291: 297-299.

Thorrold S R, Jones G P, Hellberg M E, et al. 2002. Quantifying larval retention and connectivity in marine populations with artificial and natural marks. Bull Mar Sci, 70: 291-308.

Tian S Q, Chen X J, Chen Y, et al. 2009. Evaluating habitat suitability indices derived from CPUE and fishing effort data for *Ommatrephes bratramii* in the Northwestern Pacific Ocean. Fish Res, 95: 181-188.

Tian S Q, Chen X J, Yang X M. 2006. Study on the fishing ground distribution of *Symlectoteuthis oualaniensis* and its relationship with the environmental factors in the high sea of the Northern Arabian sea. Trans. Oceanol. Limnol., 1: 51-57.

Ulloa P, Fuentealba M, Ruiz V. 2006. Feeding habits of *Dosidicus gigas* (D'Orbigny, 1835) (Cephalopoda: Teuthoidea) in the central-south coast off Chile. Rev Chil Hist Nat, 79: 475-479.

Uozumi Y, Ohara H. 1993. Age and growth of *Nototodarus sloanli* (Cephalopoda: Oegopsida) based on daily increment counts in statolith. Nippon Suisan Gakkaishi, 59(9): 1469-1477.

Vecchione M. 1999. Extraordinary abundance of squid paralarvae in the tropical eastern Pacific Ocean during El Niño of 1987. Fish Bull, 97: 1025-1030.

Villanueva R. 1992. Interannual growth differences in the oceanic squid *Todarodes angolensis* Adam in the Northern Benguela upwelling system, based on statolith growth increment analysis. J Exp Mar Biol Ecol, 159: 157-177.

Villanueva R. 2000. Effect of temperature on statolith growth of the European squid *Loligo vulgaris* during early life. Mar Biol, 136: 449-460.

Waluda C M, Rodhouse P G. 2006. Remotely sensed mesoscale oceanography of the Central Eastern Pacific and recruitment variability in *Dosidicus gigas*. Mar. Ecol. Prog. Ser., 310: 25-32.

Waluda C M, Yamashiro C, Elvidge C D, et al. 2004. Quantifying light-fshing for *Dosidicus gigas* in the Eastern Pacific using satellite remote sensing. Remote Sens Environ, 91: 129-133.

Waluda C M, Yamashiro C, Rodhouse P G. 2006. Influence of the ENSO cycle on the light-fishery for *Dosidicus gigas* in the Peru Current: an analysis of remotely sensed data. Fish Res, 79: 56-63.

Warner R R, Hamilton S L, Sheehy M S, et al. 2009. Geographic variation in natal and early larval trace-elemental signatures in the statoliths of the market squid *Doryteuthis* (formerly *Loligo*) *opalescens*. Mar Ecol Prog Ser, 379: 109-121.

White J W, Ruttenberg B I. 2007. Discriminant function analysis in marine ecology: some oversights and their solutions. Mar Ecol Prog Ser, 329: 301-305.

Wiborg K F. 1979. *Gonatus fabricii* (Lichtenstein), a possible fishery resource in the Norwegian Sea. Fisken Havet, 26(1): 33-46.

Wiborg K F, Gjùsñter J, Beck I M. 1982. The squid *Gonatus fabricii* (Lichtenstein), investigations in the Norwegian Sea and the western Barents Sea, February-September 1980 and July-September 1981. Fisken Havet, 19(1): 13-25.

Yamashiro C, Mariátegui L, Rubio J, et al. 1998. Jumbo flying squid fishery in Peru. In: Okutani T (Eds.), Large pelagic squids. Japan Marine Fishery Resources Research Center, Tokyo, 119-125.

Yatsu A, Midorikawa S, Shimada T, et al. 1997. Age and growth of the neon flying squid, *Ommastrephes bartramii*, in the North Pacific Ocean. Fish Res, 29: 257-270.

Yatsu A, Mochioka N, Morishita K, et al. 1998. Strontium: calcium ratios in statoliths of the neon flying squid, *Ommastrephes bartramii* (Cephalopoda), in the North Pacific Ocean. Mar Biol, 131: 275-282.

Yatsu A, Yamanaka K I, Yamashiro C. 1999. Tracking experiments of the jumbo squid, *Dosidicus gigas*, with an ultrasonic telemetry system in the eastern Pacific Ocean. Bull Nat Res Inst Far Seas Fish, 36: 55-60.

Yokawa K. 1993. Isozyme comparison of large, medium and small size specimens of *Dosidicus gigas* [C] // Hachinohe F Y. Squid Resources and Fishing and Oceanographic Conditions. Hachinohe: Tohoku Regional Fisheries Research Laboratory. 48-52.

Young J Z. 1960. The statocysts of *Octopus vulgaris*. Proc Roy Soc B, 152: 3-29.

Zacherl D C, Manríquez P H, Paradis G L, et al. 2003a. Trace elemental fingerprinting of gastropod statoliths to study larval dispersal trajectories. Mar Ecol Prog Ser, 248: 297-303.

Zacherl D C, Paradis G D, Lea D W. 2003b. Barium and strontium uptake into larval protoconchs and statoliths of the marine neogastropod *Kelletia kelletii*. Geochim. Cosmochim Acta, 67: 4091-4099.

Zacherl D C. 2005. Spatial and temporal variation in statolith and protoconch trace elements as natural tags to track larval dispersal. Mar Ecol Prog Ser, 290: 145-163.

Zeidberg L D, Robison B H. 2007. Invasive range expansion by the Humboldt squid, *Dosidicus gigas*, in the eastern North Pacific. Proc Natl Acad Sci USA, 104: 12948-12950.

Zumholz K. 2005. The influence of environmental factors on the micro-chemical composition of cephalopod statoliths. PhD Thesis, University of Kiel, Germany.

Zumholz K, Hansteen T H, Klügel A, et al. 2006. Food effects on statolith compositon of the common cuttlefish (*Sepia officinalis*). Mar Biol, 150: 237-244.

Zumholz K, Hansteen T H, Piatkowski U, et al. 2007. Influence of temperature and salinity on the trace element incorporation into statoliths of the common cuttlefish (*Sepia officinalis*). Mar Biol, 151: 1321-1330.

Zumholz K, Klügel A, Hansteen T H, et al. 2007. Statolith microchemistry traces environmental history of the boreoatlantic armhook squid *Gonatus fabricii*. Mar Ecol Prog Ser, 333: 195-204.

Zúñiga M J, Cubillos L A, Ibáñez C. 2008. A regular pattern of periodicity in the monthly catch of jumbo squid (*Dosidicus gigas*) along the Chilean coast (2002-2005). Cien Mar, 34: 91-99.

附录 基于 Sr/Ca 和 Ba/Ca 茎柔鱼洄游路线重建计算程序

```
# Migration code
library(sp)
library(geoR)
library(akima)
library(plotrix)
setwd("\\Users\\blliu\\Desktop\\")
namelist=c("weekly2006_0505.csv","weekly2007_0505.csv","weekly2008_
0505.csv","weekly2009_0505.csv")
T_week=NULL
for (i in namelist){
temp<-read.csv(paste(i),header=T)    # grid = 0.5 * 0.5
T_week=rbind(T_week,temp)}
samples<-read.csv("samples.csv",header=T)
Ba=c(12.54, 19.28, 22.02, 19.29, 31.26, 20.45, 15.28, 27.68, 19.78,
20.48, 18.95, 30.46)
Sr=c(15.59, 15.79, 16.21, 16.29, 16.61, 17.57, 16.36, 15.32, 17.55,
17.46, 16.31, 16.79)
T=c(19.57, 19.59, 19.92, 20.4, 20.32, 19.12, 18.94, 22.02, 18.35, 18.35,
19.92, 20.4)
sb=lm(T~Sr+Ba)
N=nrow(samples)
################################################################
##########################
count.rows<- function(x)
{
order.x<- do.call (order, as.data.frame (x))
equal.to.previous <- rowSums (x [tail (order.x, -1), ] != x [head
```

```
(order. x, −1), ]) == 0
    tf. runs<− rle (equal. to. previous)


    counts<− c (1,
    unlist (mapply (function(x, y) if (y) x+1 else (rep(1, x)),
    tf. runs $ length,  tf. runs $ value )))
    counts<− counts [c (diff (counts) <= 0,  TRUE)]
    unique. rows<− which (c (TRUE,  ! equal. to. previous))
    cbind (counts,  x [order. x [unique. rows],  ,  drop = F])
    }
    ############################################
##############################


    ######### make a function to calculate temperature for a specified
sr and ba
    T_prec<−function(sr, ba){
    t=sb $ coefficients[3] * ba+sb $ coefficients[2] * sr+sb $ coefficients[1]
    return(t)
    }
    ######### calculate the temperature matrix for each sr dot and
each otoli
    T_matr=matrix(NA, ncol=5, nrow=N)
    T_matr_up=matrix(NA, ncol=5, nrow=N)
    T_matr_low=matrix(NA, ncol=5, nrow=N)
    for (j in 1:nrow(samples)){
    for (i in 1:5){
    T_matr[j, i]=T_prec(samples[j, 2 * (i−1)+10], samples[j, 2 * (i−1)+11])
    temp=data. frame(Sr=samples[j, 2 * (i−1)+10], Ba=samples[j, 2 * (i−1)
+11])
    T_matr_up[j, i]=predict(sb,  temp,  interval="predict")[3]
    T_matr_low[j, i]=predict(sb,  temp,  interval="predict")[2]
    }}
    ######### make date matrix for captured day
    date_col=c()
```

```
for (i in 1:nrow(samples)){
date_col[i]=paste(samples[i,2],"/",samples[i,3],"/",
samples[i,4],sep="")}
date_col=as.Date(date_col)
###################################
####################
# day matrix aparting from catch day
apartday=matrix(ncol=5,nrow=N)
for (i in 1:N){
for (j in 1:5){
apartday[i,j]=samples[i,j+19]
  }
}
###################################
###################
# the day of dot in otolis
day_temp=matrix(nrow=N,ncol=5)
for (o in 1:N){
for (j in 1:5){
  if(is.na(T_matr[o,j])){day_temp[o,j]=NA}else{
day_temp[o,j]=paste(date_col[o]-samples[o,j+19])}}}
# day_temp=as.Date(day_temp)
###################################
############### function for selecting environmental suit
#i=which fish; phase=which phase(P5=1,P4=2,P3=3,P2=4,P1=5)
extractenv<-function(day,i,phase){
  y=as.numeric(format(day, format = "%Y"))
  m=as.numeric(format(day, format = "%m"))
  d=as.numeric(format(day, format = "%d"))
T_week_temp=subset(T_week,year==y&month==m)
if (T_week_temp $ day[1]>d){
T_week_temp=subset(T_week,year==y&month==m-1)
    d=max(T_week_temp $ day)
T_week_temp=subset(T_week,year==y&month==m-1&day==d)}
```

```r
else{
    T_week_temp=subset(T_week, year==y&month==m&day<d&day>=d
-7)}  T_optimal=subset(T_week_temp, sst<T_matr_up[i, phase]&sst>T
_matr_low[i, phase]&sst>0)
    return(T_optimal)
    }
    ###############################################
###############
    speed=30
    catch_location=cbind(samples $ lon, samples $ lat)
    catch_location=data. frame(catch_location)
    ###############################################
###############
    ## function for obtaining boundry based on speed
    speedbound<-function(x, y, day){
    distance=speed * day/111
        x_up=x+distance; x_low=x-distance; y_up=y+distance; y_low=y
-distance
    return(c(x_low, x_up, y_low, y_up))
    }
    windows(record=T)
    ###############################################
###############
    # Phase 5
    ###############################################
###############
    day_temp_p5=as. Date(day_temp[, 1])
    ph=1
    squid5=list()
    for (i in 3:N){
    ListName=paste("squid", "-", i, sep="")
    b=speedbound(catch_location[i, 1], catch_location[i, 2], apartday[i, ph])
    temporary=extractenv(day_temp_p5[i], i, ph)
    squid5[[ListName]]=subset(temporary, lon>b[1]&lon<b[2]&lat>b[3]
```

```
&lat<b[4])
    }
    squid5_rbind=do.call(rbind,squid5)
    location_5=data.frame(squid5_rbind $ lon,squid5_rbind $ lat)
    count_ph5=count.rows(location_5)
    prob_ph5=cbind(count_ph5,count_ph5[,1]/max(count_ph5[,1]))
    write.csv(prob_ph5,file="prob_ph5.csv")
    # prob_ph5=read.csv(file="prob_ph5.csv")
    library(fields)
    quilt.plot(prob_ph5[,2],prob_ph5[,3],z=prob_ph5[,4],xlim=c(-100,
-70),ylim=c(-40,0),
    xlab=" Longitude",ylab=" Latitude",main=" Probability of distribution
(Phase 5)")


    #################################################
##############
    # Phase 4
    #################################################
############
    prob_ph5=read.csv(file="prob_ph5.csv")
    init_4=subset(prob_ph5,prob_ph5[,4]==1)
    day_temp_p4=as.Date(day_temp[,2])
    ph=2
    prob_ph4=list()
    for (k in 1:nrow(init_4)){
        squid4=list()
    for (i in 1:N){
    ListName=paste("squid","-",i,sep="")
        b=speedbound(catch_location[i,1],catch_location[i,2],apartday[i,ph])
    temporary=extractenv(day_temp_p4[i],i,ph)
        temporary2=subset(temporary,lon>b[1]&lon<b[2]&lat>b[3]&lat<b
[4])
    init=speedbound(init_4[k,2],init_4[k,3],apartday[i,ph])
        temporary3=subset(temporary2,lon>init[1]&lon<init[2]&lat>init[3]
```

```r
&lat<init[4])
    squid4[[ListName]]=cbind(temporary3 $ lon, temporary3 $ lat)
    }
    squid4_rbind=do.call(rbind,squid4)
    count_ph4_temp<-count.rows(squid4_rbind)
    prob_ph4_temp=cbind(count_ph4_temp,count_ph4_temp[,1]/max(count_
ph4_temp[,1]))
    prob_ph4[[k]]<-prob_ph4_temp
    }
    rbindk=do.call(rbind,prob_ph4)
    rbindk=as.data.frame(rbindk,col.names=c("count","lon","lat","prob"))
    prob4=aggregate(V4~V2+V3,data=rbindk,mean)
    write.csv(prob4,file="prob_ph4.csv")
    quilt.plot(prob4[,1],prob4[,2],z=prob4[,3],xlim=c(-100,-70),ylim=
c(-40,0),
    xlab="Longitude",ylab="Latitude",main="Probability of distribution
(Phase 4)")


    ###############################################
###############
    # Phase 3
    ###############################################
###############
    prob4=read.csv(file="prob_ph4.csv")
    init_3=subset(prob4,V4>0.85)
    day_temp_p3=as.Date(day_temp[,3])
    ph=3
    prob_ph3=list()
    for (k in 1:nrow(init_3)){
        squid3=list()
    for (i in 1:N){
    ListName=paste("squid","-",i,sep="")
        b=speedbound(catch_location[i,1],catch_location[i,2],apartday[i,
ph])
```

```
temporary=extractenv(day_temp_p3[i],i,ph)
    temporary2=subset(temporary,lon>b[1]&lon<b[2]&lat>b[3]&lat
<b[4])
    init=speedbound(init_3[k,2],init_3[k,3],apartday[i,ph])
    temporary3=subset(temporary2,lon>init[1]&lon<init[2]&lat>init
[3]&lat<init[4])
    squid3[[ListName]]=cbind(temporary3 $ lon,temporary3 $ lat)
    }
    squid3_rbind=do.call(rbind,squid3)
    count_ph3_temp<-count.rows(squid3_rbind)    prob_ph3_temp=cbind
(count_ph3_temp,count_ph3_temp[,1]/max(count_ph3_temp[,1]))
    prob_ph3[[k]]<-prob_ph3_temp
}
rbindk=do.call(rbind,prob_ph3)
rbindk=as.data.frame(rbindk,col.names=c("count","lon","lat","prob"))
prob3=aggregate(V4~V2+V3,data=rbindk,mean)
write.csv(prob3,file="prob_ph3.csv")
quilt.plot(prob3[,1],prob3[,2],z=prob3[,3],xlim=c(-100,-70),ylim=
c(-40,0),
    xlab="Longitude",ylab="Latitude",main="Probability of distribution
(Phase 3)")
```